高职计算机类精品教材 ——

Visual FoxPro 6.0 程序设计实训教程

Visual FoxPro 6.0 CHENGXU SHEJI SHIXUN JIAOCHENG

王洪海　曹路舟　潘立琼　编著

中国科学技术大学出版社

内 容 简 介

本书是作者主编的《Visual FoxPro 6.0 程序设计》的配套教材,包括两部分内容:第一部分是上机实训内容,共有 16 个上机实验;第二部分是 6 套全国计算机等级考试(二级 VFP)模拟试题及参考答案。

本书既是配套教材,又是任意一本讲解 Visual FoxPro 6.0 的其他教材的实训指导教材,适合作为高职高专、成人高校和其他初学者学习 Visual FoxPro 6.0 程序设计的教材,同时也可供参加全国计算机等级考试(二级 VFP)的读者选用。

图书在版编目(CIP)数据

Visual FoxPro 6.0 程序设计实训教程/王洪海,曹路舟,潘立琼编著. —合肥:中国科学技术大学出版社,2011.6

ISBN 978-7-312-02838-0

Ⅰ. V⋯　Ⅱ. ①王⋯　②曹⋯　③潘⋯　Ⅲ. 关系数据库—数据库管理系统,Visual FoxPro 6.0—程序设计—高等学校—教材　Ⅳ. TP311.138

中国版本图书馆 CIP 数据核字(2011)第 092662 号

出版	中国科学技术大学出版社
	安徽省合肥市金寨路 96 号,邮编:230026
	网址:http://press.ustc.edu.cn
印刷	安徽省瑞隆印务有限公司
发行	中国科学技术大学出版社
经销	全国新华书店
开本	787 mm×1092 mm　1/16
印张	8.75
字数	210 千
版次	2011 年 6 月第 1 版
印次	2011 年 6 月第 1 次印刷
定价	15.00 元

前　　言

Visual FoxPro 是微机上最流行的关系数据库系统之一，它以卓越的数据库处理性能、良好的开发环境赢得了广大用户的喜爱。

Visual FoxPro 6.0 及其中文版，是可运行于 Windows 平台的 32 位数据库开发系统，它不仅可以简化数据库管理，而且能使应用程序的开发流程更为合理。Visual FoxPro 6.0 使组织数据、定义数据库规则和建立应用程序等工作变得简单易行，而且用户可通过 Visual FoxPro 6.0 的开发环境方便地设计查询、报表、菜单，并利用项目管理器对数据库和程序进行管理，生成可执行文件，并进行发布。

Visual FoxPro 6.0 还提供了一个集成化的系统开发环境，它不仅支持过程式编程技术，而且在语言方面作了强大的扩充，支持面向对象的可视化编程技术，并拥有功能强大的可视化程序设计工具，是用户进行系统开发较为理想的工具软件。

本书包括两部分内容：第一部分是编者根据多年的实际教学需要精心设计的上机实训内容，共有 16 个上机实验。这些综合实验内容循序渐进但又相对独立，大部分实验不是针对某一个章节内容而设置的，而是有针对性地高度浓缩了教材的经典内容。学生在上机实训的过程中，不仅掌握了教材的主要内容，而且可以培养学生真正利用教材的知识来解决一些实际问题，达到"学以致用"的效果。第二部分是编者根据全国计算机等级考试大纲（二级 VFP）的要求组织编写的 6 套"高仿真"模拟试题。学生通过对这些试题的练习，不仅可以了解二级考试的题型，更重要的是可以掌握在真正考试时的答题技巧及应对策略。为便于读者学习，每套模拟试题后面都附有参考答案，供读者参考。

本书主要特点如下：

（1）面向应用。书中实例充满趣味性和实用性，语言叙述通俗易懂，难点分散，概念清晰，层次分明。

（2）实践性强。本书所有上机实验均注重知识的综合应用训练。

（3）内容丰富。书中含有 6 套全国计算机等级考试（二级 VFP）模拟试题，供有兴趣的读者练习。

（4）本书有配套主教材《Visual FoxPro 6.0 程序设计》，帮助学习本书的读者答疑解惑，掌握应会和必会内容。

（5）所有全国计算机等级考试（二级 VFP）模拟试题均有参考答案。

本书由安徽三联学院王洪海、潘立琼和池州职业技术学院曹路舟三位老师共同编著，其中王洪海负责编写本书第一部分中实验八至实验十六和第二部分中模拟试题一内容，潘立琼负责编写第二部分中模拟试题二至模拟试题六内容，曹路舟负责编写第一部分中实验一至实验七内容。全书由王洪海统稿并定稿。另外，本书的出版还得到了安徽三联学院信息与通信技术系主任赵守忠副教授、安徽三联学院工商管理系常务主任刘峥副教授、詹小旦副主任、蔡文芬副主任以及池州职业技术学院院系领导的大力支持,中国科学技术大学出版社也给予了热情的帮助,在此一并表示衷心的感谢。

　　本教材在编写过程中参考了有关书籍、文献和考试网站的相关信息,谨向原作者及相关单位表示诚挚的谢意。由于编者水平有限,书中难免有不妥之处,敬请广大读者批评指正。

编　者

2011 年 3 月

目　　录

第一部分　上机实训

第二部分　全国计算机等级考试(二级 VFP)模拟试题及参考答案

第一部分　上　机　实　训

实验一　Visual FoxPro 6.0 软件的安装

一、实验目的

1. 了解一般软件安装的方法与步骤。
2. 掌握 Visual FoxPro 6.0 软件的正确安装过程与方法。

二、实验内容

1. 用户电脑软、硬件的一般配置状态。
2. Visual FoxPro 6.0 的安装。

三、实验步骤

1. 用户电脑软、硬件一般配置要求

（1）安装软件环境要求
- Win95 或以上版本；
- Visual FoxPro 6.0 安装软件。

（2）安装硬件环境要求
- CPU 50 MHz；
- 内存 10 MB 以上；
- 硬盘 100 MB 以上；
- VGA 显示器或更高；
- 鼠标、光驱。

2. Visual FoxPro 6.0 的安装

（1）在 Visual FoxPro 6.0 安装软件中找到"SETUP. EXE"文件图标 ，并打开该文件，进入如图 1.1 所示界面，选择"下一步(N)"按钮。

（2）在新打开的界面中首先选中"接受协议(A)"选项，然后单击"下一步(N)"按钮，如图 1.2 所示。

（3）在产品号和用户 ID 界面中，首先输入该软件的公共 ID 号"1111111111"，然后选择"下一步(N)"按钮，如图 1.3 所示。

（4）在"选择公用安装文件夹"界面中，单击"浏览(R)…"命令按钮，选择 Visual FoxPro 6.0 软件要安装的位置，然后选择"下一步(N)"按钮，如图 1.4 所示。

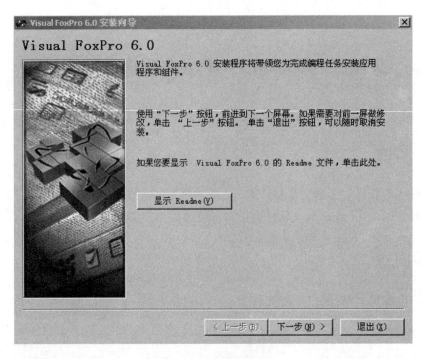

图 1.1 "安装开始"界面

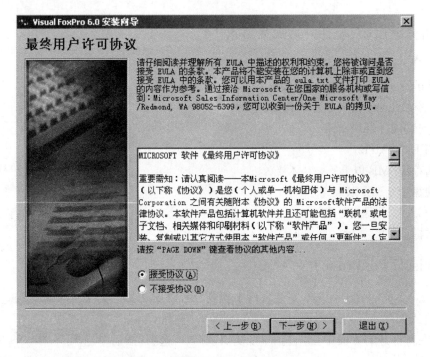

图 1.2 "最终用户许可协议"界面

图 1.3　"产品号和用户 ID"界面

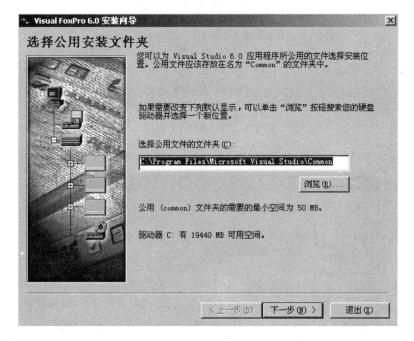

图 1.4　"选择公用安装文件夹"界面

小提示

　　如果用户没有指定软件的安装路径,一般情况下,计算机会自动将该软件安装在
"C:\Program Files\Microsoft Visual Studio\Vfp98"路径下。

　　(5) 如图 1.5 所示,选择"继续"按钮。

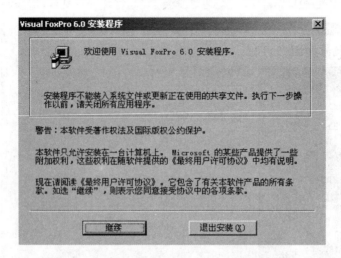

图 1.5　"欢迎使用 Visual FoxPro 6.0 安装程序"界面

（6）在如图 1.6 所示的"Product ID"界面中选择"确定"。

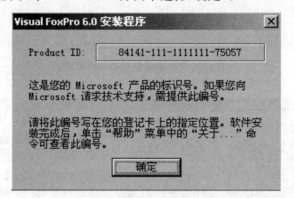

图 1.6　"Product ID"界面

（7）在"安装类型"界面中,选择"典型安装(T)"按钮,如图 1.7 所示。

图 1.7　"安装类型"界面

小提示

　　一般的用户,特别是对于初学的学生来说,"典型安装"占用的空间不大,也可以满足日常学习需要,而对于熟悉该软件的高级工程设计人员来说,可以选择"自定义安装",因为这种安装方式将把该软件在"典型安装"方式下所不具有的一些功能提供给使用者。

　　(8) 完成该软件以上必要的设置以后,计算机将按照用户的要求将 Visual FoxPro 6.0 安装到用户电脑的指定位置,如图 1.8 所示。

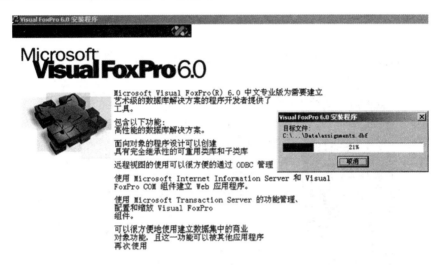

图 1.8　安装过程

　　(9) 软件安装完成以后,进入到"安装 MSDN"界面,因为"MSDN"帮助系统需要付费,所以,一般情况下,很少有用户安装"MSDN"帮助系统。我们只要把"安装 MSDN(I)"选项前的√去掉,选择"下一步(N)"即可,如图 1.9 所示。

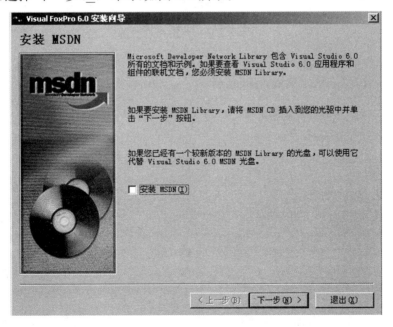

图 1.9　"安装 MSDN"界面

（10）在接下来如图 1.10 所示的"选择"界面中选择"是(Y)"按钮，进入"注册"界面，因为 Visual FoxPro 6.0 本身是免费软件，是不需要注册的，所以不要选中"现在注册(R)"选项，然后单击"完成(F)"即可完成软件的最终安装，如图 1.11 所示。

图 1.10　"选择"界面

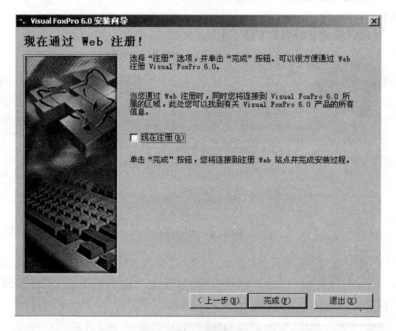

图 1.11　"注册"界面

实验二 Visual FoxPro 6.0 的启动、退出方法和主界面的构成

一、实验目的

1. 掌握 Visual FoxPro 6.0 常用的启动方法。
2. 掌握 Visual FoxPro 6.0 常用的退出方法。
3. 了解 Visual FoxPro 6.0 系统主界面的构成。
4. 掌握 Visual FoxPro 6.0 系统中工作路径的设置方法。

二、实验内容

1. Visual FoxPro 6.0 的启动。
2. Visual FoxPro 6.0 的退出。
3. Visual FoxPro 6.0 系统主界面构成。
4. Visual FoxPro 6.0 系统中工作路径的设置。

三、实验步骤

1. Visual FoxPro 6.0 的启动

(1)"开始"菜单法

① 选择"开始"—"程序"—"Microsoft Visual FoxPro 6.0"—"Microsoft Visual FoxPro 6.0"菜单项 Microsoft Visual FoxPro 6.0 ▶ Microsoft Visual FoxPro 6.0 。

② 如图 2.1 所示的"欢迎"界面中,选择"关闭此屏"选项,或直接单击该界面右上角的关闭按钮✕,即可启动 Visual FoxPro 6.0 软件。

小提示

用户在下一次启动 Visual FoxPro 6.0 软件时,一般都会自动出现"欢迎"界面,如果用户在启动软件时不想再出现该界面,则在关闭"欢迎"界面前,先选择该界面左下角的"以后不再显示此屏"选项即可。

(2)"桌面快捷方式"法

一般情况下,机房管理员在安装软件时为了方便老师、学生的正常上机,他们都会把电脑上常用的软件在桌面上建立一个"快捷方式",所以大家在上机时注意下自己的电脑桌面上是否有如图 2.2 所示的快捷图标。

如果有的话,直接双击该图标也可快速启动 Visual FoxPro 6.0 软件。

图 2.1 "欢迎"界面

（3）"直接打开文件"法

上面无论是哪种启动方法，它们都将映射到一个叫"VFP6. exe"的文件，正是通过该文件才最终启动 Visual FoxPro 6.0 软件的，所以，我们直接找到该文件并打开它也可以启动 Visual FoxPro 6.0 软件。

在"C:\Program Files\Microsoft Visual Studio\VFP98"路径下找到"VFP6. exe"的文件，打开该文件即可，如图 2.3 所示。

图 2.2　快捷图标

图 2.3　"VFP6. exe"文件

小提示

"C:\Program Files\Microsoft Visual Studio\VFP98"路径下的 VFP98 文件夹，是 Visual FoxPro 6.0 软件在安装时自动生成的文件夹，该文件夹大约 60 MB，如果其他用户不想直接安装软件，也可以把该文件夹拷贝到自己的电脑中，在需要使用 Visual FoxPro 6.0 软件时，直接进入该文件夹并打开"VFP6. exe"文件即可，这种方法的缺点是软件的有些功能受限制。

2. Visual FoxPro 6.0 的退出

在 Visual FoxPro 6.0 软件的主界面中，如果想退出该软件有以下三种常用方法，如图 2.4 所示。

（1）"关闭"按钮法

选择主界面右上角的"关闭"按钮，可以退出"Visual FoxPro 6.0"系统，如图 2.4

所示。

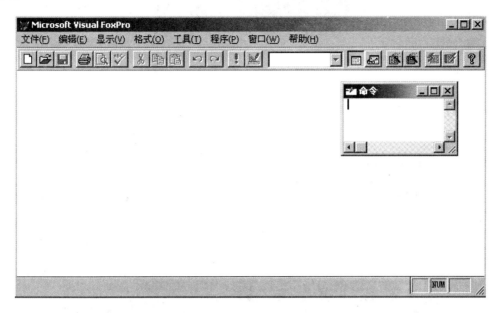

图 2.4 "Visual FoxPro 6.0"主界面

(2)"菜单"关闭法

选择系统上的"文件(F)"—"退出(X)"菜单项,可以退出"Visual FoxPro 6.0"系统,如图 2.5 所示。

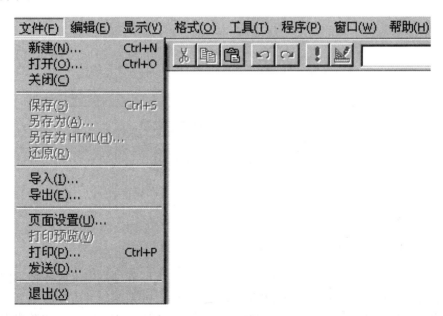

图 2.5 "退出"菜单

(3)"Quit"命令法

在主界面上的"命令"窗口中输入命令"Quit"并按回车键,也可以快速退出"Visual Fox-Pro 6.0"系统,如图 2.6 所示。

图 2.6　"命令"窗口

3. Visual FoxPro 6.0 系统主界面的构成

用户无论采用哪种方式启动"Visual FoxPro 6.0"系统,都将进入该系统的主界面,如图 2.7 所示。

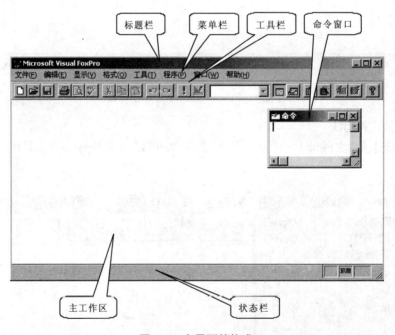

图 2.7　主界面的构成

学习本课程的同学在今后的学习过程中要经常使用本界面,所以,了解它们的构成、功能及使用方法是贯穿本课程学习的一大主题。

4. Visual FoxPro 6.0 系统中工作路径的设置

随着后续章节内容的学习,同学们可能会在每次上机环节过程中生成各种不同类型的文件,怎么样使得这些文件对于用户和"Visual FoxPro 6.0"系统能够方便查找到? 一般的思路是:事先在指定的盘符下新建一个文件夹,然后在"Visual FoxPro 6.0"系统中设定该"文件夹"即为工作文件夹,这样的话,"Visual FoxPro 6.0"系统在用户没有人为更改该路径的前提下,都会自动从该文件夹中读、存数据,这个过程就是工作路径的设置。

实验三　数据表的创建

一、实验目的

掌握在 Visual FoxPro 6.0 中创建数据表方法。

二、实验内容

创建"学生情况表"的数据表,如图 3.1 所示。

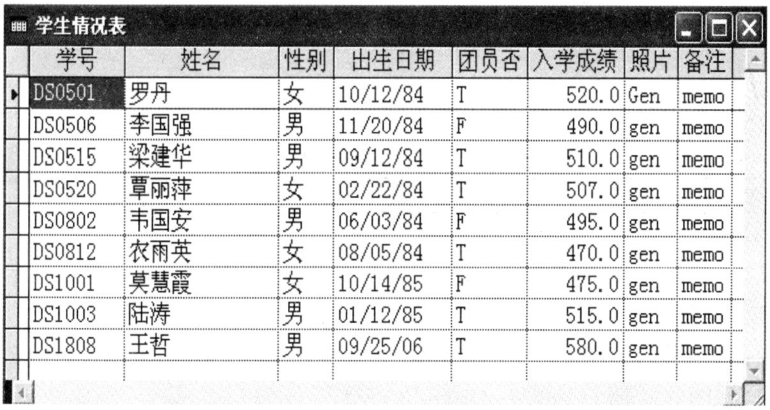

学号	姓名	性别	出生日期	团员否	入学成绩	照片	备注
DS0501	罗丹	女	10/12/84	T	520.0	Gen	memo
DS0506	李国强	男	11/20/84	F	490.0	gen	memo
DS0515	梁建华	男	09/12/84	T	510.0	gen	memo
DS0520	覃丽萍	女	02/22/84	T	507.0	gen	memo
DS0802	韦国安	男	06/03/84	F	495.0	gen	memo
DS0812	农雨英	女	08/05/84	T	470.0	gen	memo
DS1001	莫慧霞	女	10/14/85	F	475.0	gen	memo
DS1003	陆涛	男	01/12/85	T	515.0	gen	memo
DS1808	王哲	男	09/25/06	T	580.0	gen	memo

图 3.1　"学生情况表"

注:全书图、表中出现的姓名全为化名。

小提示

"学生情况表"的表结构信息如表 3.1 所示。

表 3.1　"学生情况表"的表结构信息

字段名	字段类型	字段宽度	小数位数	其他
学号	字符型	6		
姓名	字符型	8		
性别	字符型	2		
出生日期	日期型	8		
团员否	逻辑型	1		
入学成绩	数值型	5	1	
照片	通用型	4		
备注	备注型	4		

三、实验步骤

1. 创建"学生情况表"

(1) 菜单法

① 启动 Visual FoxPro 6.0,进入主界面,如图 3.2 所示。

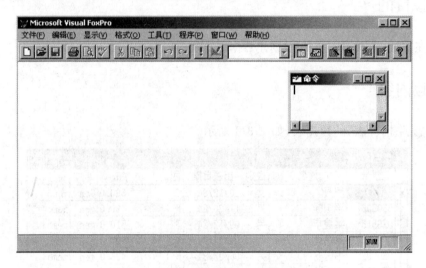

图 3.2　"Visual FoxPro 6.0"主界面

② 选择"文件(F)"—"新建(N)"菜单项,如图 3.3 所示。

③ 在弹出的"新建"对话框中先选择要新建的文件类型"表(T)",然后选择右边的"新建文件(N)"按钮,如图 3.4 所示。

图 3.3　"文件"菜单项

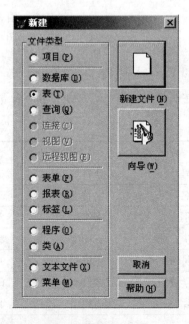

图 3.4　"新建"对话框

④ 在"创建"对话框中的"输入表名"位置,输入"学生情况表",选择右下角的"保存(S)"按钮,如图 3.5 所示。

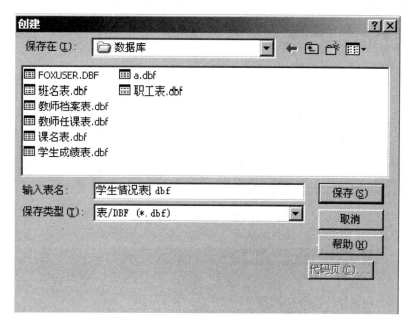

图 3.5 "创建"对话框

⑤ 在随后进入的如图 3.6 所示的"表设计器"窗口中,把表 3.1"学生情况表"的表结构相关内容输入到表设计器中,如图 3.7 所示。

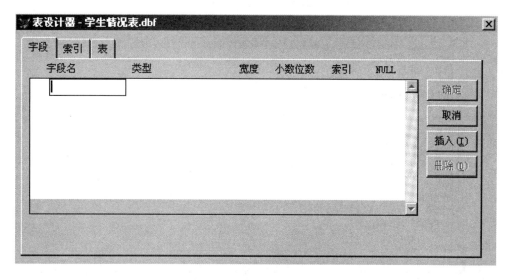

图 3.6 "表设计器"窗口

⑥ 表结构信息输入完毕以后,选择"表设计器"窗口右边的"确定"按钮,则会进入记录输入"选择"窗口,如图 3.8 所示。

⑦ 在图 3.8 所示的窗口中,选择"是(Y)"按钮,进入"记录输入"窗口,把"学生情况表"中的所有记录通过该窗口逐个输入进去,如图 3.9 所示。

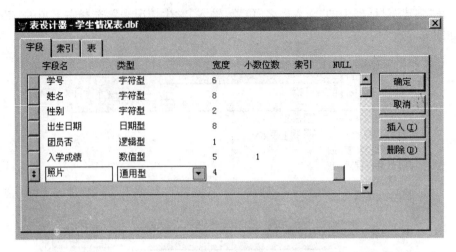

图 3.7 　输入内容的"表设计器"

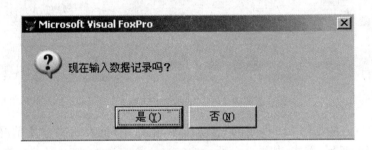

图 3.8 　"选择"对话框

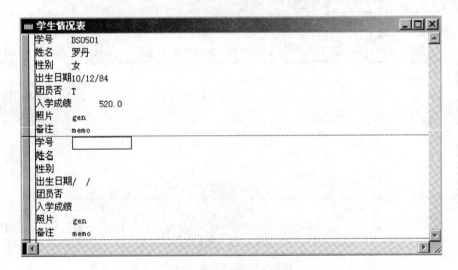

图 3.9 　"记录输入"窗口

小提示

　　在 Visual FoxPro 6.0 中,日期型数据的输入格式有"年/月/日"和"月/日/年"等几种,这和系统的设置有关,常用的输入格式是"月/日/年",所以在输入该类型数据时特别要注意。另外,年可以输入 4 位也可以输入 2 位,比如输入"1996 年 3 月 15 日"数据时可以是

"03/15/1996"，也可以是"03/15/96"。

⑧ 等到记录全部输入以后，直接选择图 3.9 "记录输入"窗口右上角的"关闭"按钮即可结束记录输入工作，以完成整个"学生情况表"的创建。

（2）命令法

在命令窗口中直接输入命令：create 学生情况表，按回车键，如图 3.10 所示，则进入图 3.6 "表设计器"界面，后面的创建工作和"菜单法"相一致。

图 3.10　"命令"窗口

小提示

在 Visual FoxPro 6.0 中，命令方法是创建文件（包括表文件）最直接、最有效的一种方法，前提是需要大家记住系统中常用的命令及其使用方法。另外，采用命令法创建文件时，如果没有指明文件的创建路径，默认是指创建在默认工作路径下，这一点需要大家注意一下，也再次说明所有工作开始之前设置工作路径的重要性。

实验四　变量与赋值

一、实验目的

1. 掌握赋值语句的含义及方法。
2. 掌握变量的使用方法。
3. 掌握编程的一般步骤。

二、实验内容

1. 简单数据交换程序的编制。
2. 利用系统内存变量改变主工作区的背景颜色。
3. 利用系统内存变量改变主工作区的文字大小。

三、实验步骤

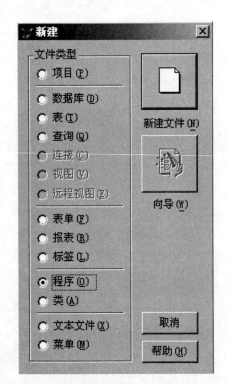

图 4.1　"新建"对话框

1. 简单数据交换程序的编制

① 启动 Visual FoxPro 6.0,进入主界面。

② 选择"文件"—"新建"菜单项。

③ 在弹出的"新建"对话框中先选择要新建的文件类型"程序(O)",然后选择右边的"新建文件(N)"按钮,如图 4.1 所示。

④ 在弹出的"程序输入"窗口中输入如下代码:

```
a=2
b=3
?"数据交换前 a=",a,"b=",b
c=a
a=b
b=c
?"数据交换后 a=",a,"b=",b
```

⑤ 选择工具栏上的"运行"图标,进入"选择"对话框,如图 4.2 所示。

⑥ 选择"是(Y)"按钮,进入"另存为"对话框,如图 4.3 所示。

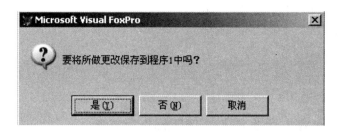

图 4.2 "选择"对话框

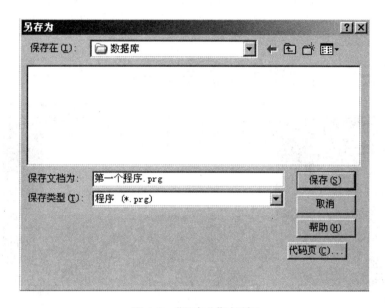

图 4.3 "另存为"对话框

⑦ 在"保存文档为:"位置输入"第一个程序"文件名,并选择右边的"保存(S)"按钮,则在主工作区的左上角看到该程序的运行结果,如图 4.4 所示。

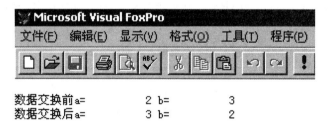

图 4.4 运行结果

小提示

请同学们采用上面的步骤,在程序的输入窗口输入以下程序,运行该程序并可以看到程序的运行结果和上面的一致:

a＝2

b＝3

?"数据交换前 a=",a,"b=",b

a＝a＋b

b＝a－b

a＝a－b

?"数据交换后 a=",a,"b=",b

2. 利用系统内存变量改变主工作区的背景颜色

主工作区的背景颜色默认是白色,利用系统内存变量可以随意更改它的颜色。只要在命令窗口中输入:_screen. backcolor＝rgb(0,0,255),并按回车键确认,就可以把主工作区的背景颜色设置为蓝色,如图 4.5 所示。

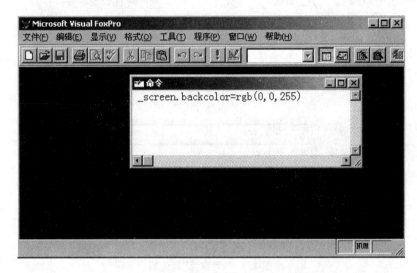

图 4.5 主工作区背景颜色改变后的效果图

小提示

rgb(r,g,b)函数是 Visual FoxPro 6.0 中很重要的一个颜色函数,该函数带有三个数值型参数 r、g、b,取值都在[0,255]之间,分别表示红、绿、蓝。表 4.1 列出了经典颜色参数值。

表 4.1 rgb( )函数参数取值及含义

r 参数值	g 参数值	b 参数值	表示颜色
0	0	0	黑色
255	0	0	红色
0	255	0	绿色
0	0	255	蓝色
255	255	0	黄色
255	0	255	粉红色
255	255	255	白色

3. 利用系统内存变量改变主工作区的文字大小

主工作区上显示的字一般是 12 号字,看起来不是很清楚,可以通过很多方式改变该区域上字的大小,其中利用系统内存变量_screen. fontsize 就可以做到,只要在命令窗口中输入如下命令并按回车键确认就可以把文字的大小设置为 20 号字:_screen. fontsize＝20。图 4.6 为字号设置完以后在主工作区上输出"安徽三联学院"字符串的效果图。

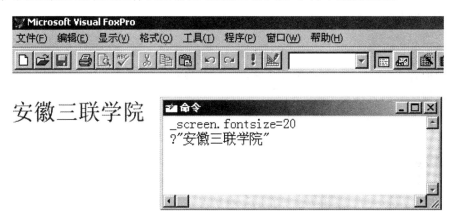

图 4.6　主工作区上字号改变后的效果图

实验五　运算符的使用

一、实验目的

1. 掌握算术、字符、关系、逻辑等运算符的符号表示。
2. 掌握算术、字符、关系、逻辑等运算符的运算规则。
3. 掌握编程的方法与步骤。
4. 掌握在同一个表达式中运算符的优先级。

二、实验内容

1. 算术、字符、关系、逻辑等运算符的运算练习。
2. 编程,利用"％"运算符判定任一输入整数的奇偶性。
3. 编程,判定任意一个一元二次方程根的情况。

三、实验步骤

1. 算术、字符、关系、逻辑等运算符的运算练习

在命令窗口中分别输入以下表达式并按回车键,观察结果:

? 28＋7

? 28－7

? 4＊3

? 10/4

? 10％4

?（3＋4）＊＊2

? －3^2＋5

?"安徽"＋"三联学院"

?"安徽 "＋"三联 学院"

?"安徽 "－" 三联学院"

?"安徽"＄"三联学院"

?"安徽"＄"安徽三联学院"

? 2＞1

? "a"＜"8"

? {^2011－02－12}－{^2011－02－11}

?"abc"＝"a"

```
?"abc"="b"
?"abc"="c"
?"abc"="bc"
?"abc"="ac"
?"abc"="ab"
?"abc"="abc"
```

小提示

（1）注意数字字符和数值的区别；

（2）日期型数据之间有大小之分，这个和现实生活中日期大小比较正好相反，比如，我们常说"2011 年 2 月 12 日"出生的人要比"2011 年 2 月 11 日"出生的人要小，但在 Visual FoxPro 6.0 中正好相反。

2. 编程及判定任一输入整数的奇偶性

① 参照前面的相关实验步骤，新建一个程序，打开程序输入窗口。

② 在程序窗口中输入以下代码：

```
clear
input "请任意输入一个正整数：" to x
if x%2=1
    ?"该数为奇数!"
else
    ?"该数为偶数!"
endif
```

③ 运行该程序，以"第二个程序"作为文件名，如图 5.1 所示。

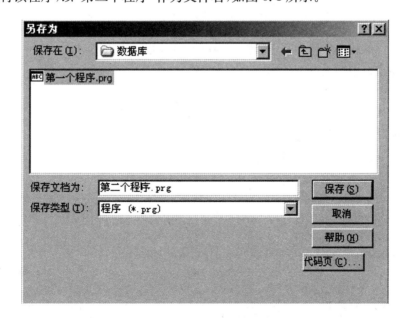

图 5.1 "另存为"对话框

④ 在主工作区上输入 32,按回车键观察结果,如图 5.2 所示。

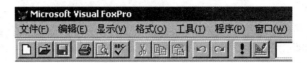

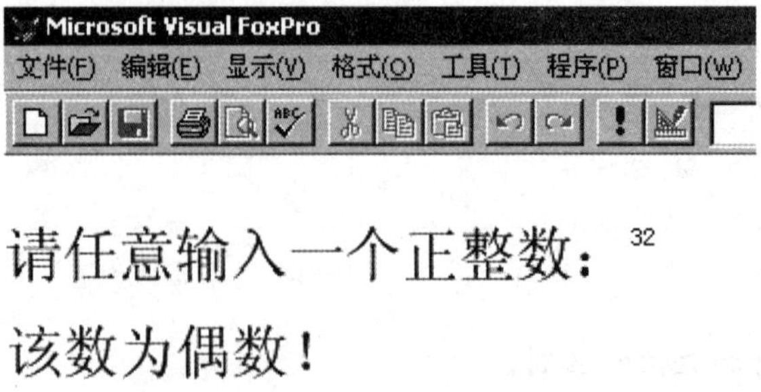

请任意输入一个正整数：³²

该数为偶数！

图 5.2　输入及运行结果

⑤ 再次运行该程序,输入 27,按回车键查看结果,如图 5.3 所示。

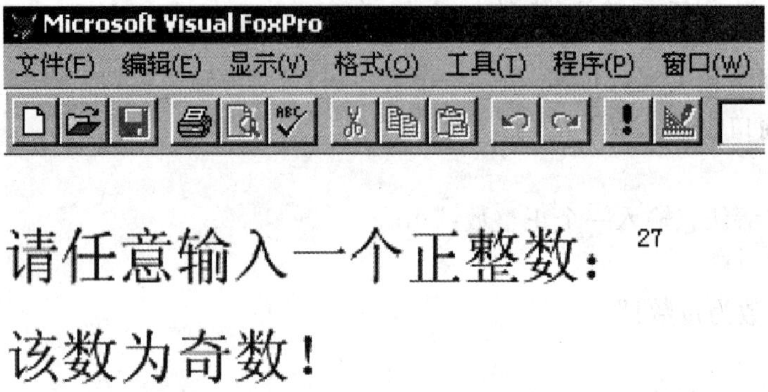

请任意输入一个正整数：²⁷

该数为奇数！

图 5.3　输入及运行结果

3. 编程及判定任意一个一元二次方程的根

① 参照前面的相关实验步骤,新建一个程序,打开程序输入窗口。

② 在程序窗口中输入以下代码：

```
clear
input"请输入方程的二次系数:" to a
input"请输入方程的一次系数:" to b
input"请输入方程的常数:" to c
d=B^2-4*a*c
if d>=0 and a<>0
    x1=(-b+sqrt(d))/(2*a)
    x2=(-b-sqrt(d))/(2*a)
    ?"该方程的根为:",x1,x2
else
    ?"此方程无根!"
endif
```

③ 运行该程序,以"第三个程序"作为文件名,如图 5.4 所示。

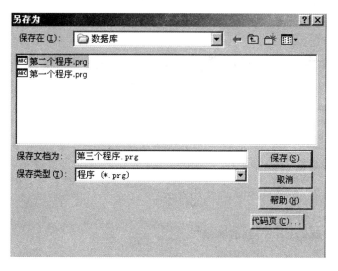

图 5.4　"另存为"对话框

④ 在主工作区上分别输入 1、2、1 并按回车键,观察结果,如图 5.5 所示。

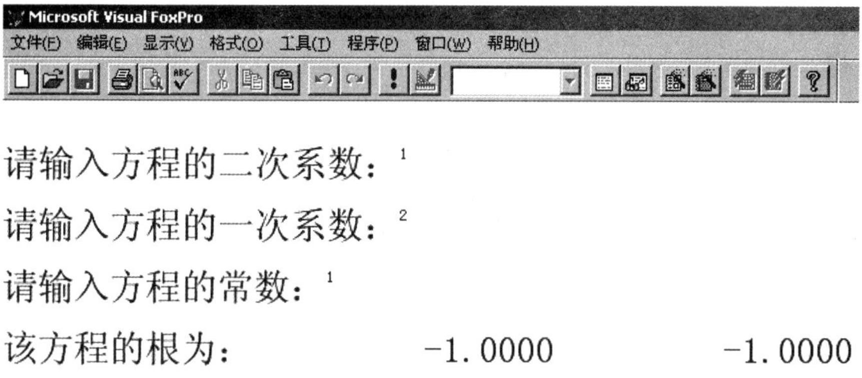

请输入方程的二次系数：¹

请输入方程的一次系数：²

请输入方程的常数：¹

该方程的根为：　　　　　　　-1.0000　　　　　　-1.0000

图 5.5　输入及运行结果

⑤ 再次运行该程序,分别输入 1、1、2 并按回车键,观察结果,如图 5.6 所示。

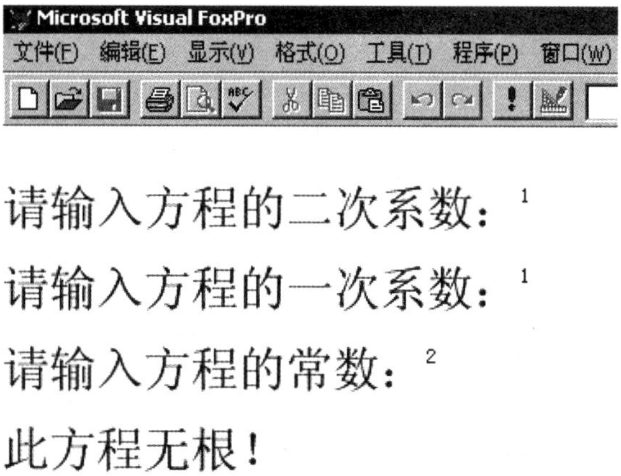

请输入方程的二次系数：¹

请输入方程的一次系数：¹

请输入方程的常数：²

此方程无根！

图 5.6　输入及运行结果

实验六　数值函数 abs、val、sqrt 与表单设计

一、实验目的

1. 掌握数值函数 abs、val、sqrt 的使用方法。
2. 掌握表单设计器的构成。
3. 掌握表单的新建、运行、修改方法。
4. 掌握表单控件工具栏的使用方法。
5. 掌握向表单中添加控件的方法。
6. 掌握属性窗口的使用方法。
7. 掌握对象属性值的修改方法。
8. 掌握表代码窗口的使用方法。
9. 掌握对象的属性、事件、方法的含义。

二、实验内容

1. 利用表单技术设计并实现求解绝对值的界面。
2. 利用表单技术设计并实现求解一元二次方程根的界面。

三、实验步骤

1. 求解绝对值界面的设计

（1）对象属性设置
对象属性的设置如表 6.1 所示。

表 6.1　属性设置一览表

对象名称	属性名称	属性值	备注
label1	autosize	. t.	
	caption	请输入一个数：	
	fontsize	12	
label2	autosize	. t.	
	caption	该数绝对值为：	
	fontsize	12	
command1	caption	计算	
command2	caption	关闭	

（2）代码设计
* command1_click( )里面的代码：
  a＝val(thisform. text1. value)
  b＝abs(a)
  thisform. text2. value＝b
* command2_click( )里面的代码：
  thisform. release

（3）运行界面

① 运行设计好的表单，以"求绝对值"作为该表单的文件名，在文本框 text1 中输入要求解的数－12，单击"计算"按钮，查看计算结果，如图 6.1 所示。

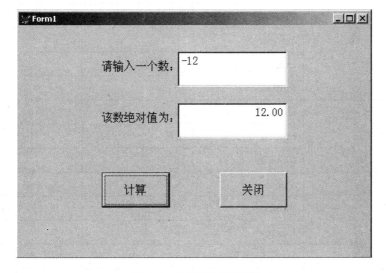

图 6.1　"求绝对值"界面

② 在文本框 text1 中重新输入数 98，单击"计算"按钮，查看计算结果，如图 6.2 所示。

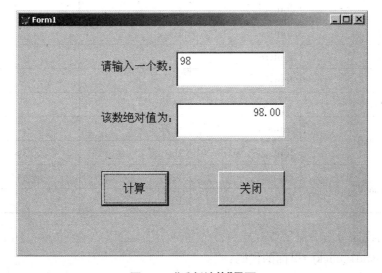

图 6.2　"重新计算"界面

③ 单击表单上的"关闭"按钮,结束该界面的设计。

2. 求解一元二次方程根的界面设计

(1) 对象属性设置

对象属性的设置如表 6.2 所示。

表 6.2　属性设置一览表

对象名称	属性名称	属性值	备注
label1	autosize	. t.	
	caption	二次系数:	
	fontsize	16	
label2	autosize	. t.	
	caption	一次系数:	
	fontsize	16	
label3	autosize	. t.	
	caption	常数:	
	fontsize	16	
label4	autosize	. t.	
	caption	X1=	
	fontsize	16	
label5	autosize	. t.	
	caption	X2=	
	fontsize	16	
text1	fontsize	16	
text2	fontsize	16	
text3	fontsize	16	
text4	fontsize	16	
text5	fontsize	16	
command1	caption	计算	
	fontsize	16	
command2	caption	关闭	
	fontsize	16	

(2) 代码设计

- command1_click()里面的代码:

    a=val(thisform. text1. value)

    b=val(thisform. text2. value)

```
    c=val(thisform. text3. value)
    d=b^2-4*a*c
    if d>=0 and a<>0
       x1=(-b+sqrt(d))/(2*a)
       x2=(-b+sqrt(d))/(2*a)
       thisform. text4. value=x1
       thisform. text5. value=x2
    else
       messagebox("此方程无根!")
    endif
```

- command2_click()里面的代码：
    ```
    thisform. release
    ```

（3）运行界面

① 运行设计好的表单，以"求方程的根"作为该表单的文件名，分别在文本框 text1、text2、text3 中输入 1、2、1 三个数，单击"计算"按钮，查看计算结果，如图 6.3 所示。

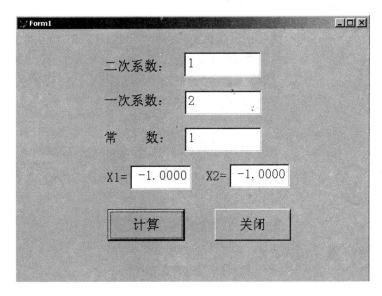

图 6.3　"求方程的根"界面

② 分别在文本框 text1、text2、text3 中输入 1、1、2 三个数，单击"计算"按钮，查看计算结果，如图 6.4 所示。

③ 单击表单上的"关闭"按钮，结束该界面的设计。

小提示

（1）在对象设计中，要修改某个对象的属性值，先要选中该对象。

（2）在表单设计过程中，可以随时运行该表单以观察设计效果，前提是如果在编写代码，正在书写的代码语句一定要书写完整、正确。

（3）表单的运行可以通过如图 6.5 所示的系统菜单项来完成，也可以通过工具栏上的
！按钮来完成。

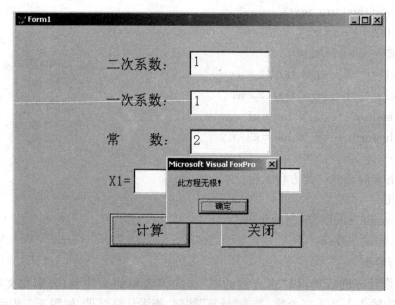

图 6.4 "重新计算"界面

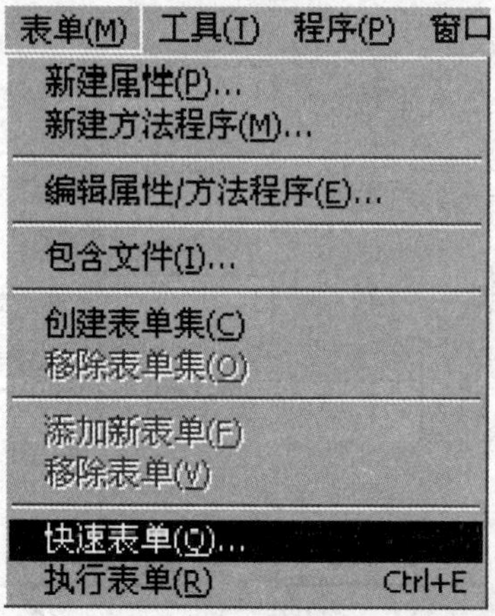

图 6.5 "表单"菜单项

（4）结束表单运行

结束表单运行既可以通过单击表单右上角的⊠按钮来完成，也可以通过系统工具栏上的按钮来实现。

实验七 字符处理函数 alltrim、len、lower、upper 与表单设计

一、实验目的

1. 掌握字符处理函数 alltrim、len、lower、upper 的使用方法。
2. 掌握表单设计器的构成。
3. 掌握表单的新建、运行、修改方法。
4. 掌握表单控件工具栏的使用方法。
5. 掌握向表单中添加控件的方法。
6. 掌握属性窗口的使用方法。
7. 掌握对象属性值的修改方法。
8. 掌握表代码窗口的使用方法。
9. 掌握对象的属性、事件、方法的含义。

二、实验内容

1. 利用表单技术设计并实现只能输入指定长度字符串的界面。
2. 利用表单技术设计并实现大小写字符自动转换的界面。

三、实验步骤

1. QQ 登陆界面的设计

（1）对象属性设置

对象属性的设置如表 7.1 所示。

表 7.1 属性设置一览表

对象名称	属性名称	属性值	备注
label1	autosize	.t.	
	caption	请输入 QQ 号码：	
	fontsize	16	
label2	autosize	.t.	
	caption	请输入 QQ 密码：	
	fontsize	16	

续表

对象名称	属性名称	属性值	备注
text1	fontsize	16	
text2	fontsize	16	
command1	caption	登录	
	fontsize	16	
command2	caption	关闭	
	fontsize	16	

(2) 代码设计

- text1_interactivechange()里面的代码:

  ```
  if len(alltrim(thisform. text1. value))>10
      messagebox("不存在超过10位的QQ号码,请重新输入正确的号码!")
      thisform. text1. value=""
       thisform. text1. setfocus
  endif
  ```

- command1_click()里面的代码:

  ```
  *! *验证号码、密码与系统库中的是否一致;
  *! *正确时进入QQ系统;
  *! *错误时给出错误提示;
  ```

- command2_click()里面的代码:

  ```
  thisform. release
  ```

(3) 运行界面

① 运行设计好的表单,以"QQ号码"作为该表单的文件名,在文本框 text1 中输入号码 5245326688,查看结果,如图7.1所示。

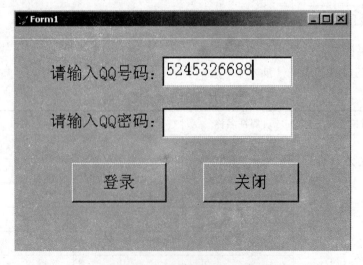

图7.1　"QQ号码正确输入"界面

② 在文本框 text1 中重新输入号码 52453266881,查看结果,如图 7.2 所示。

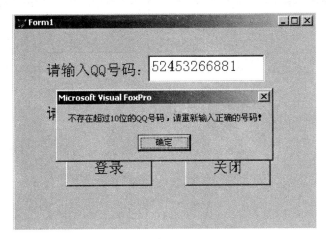

图 7.2　"重新输入"界面

③ 单击"确定"按钮。

④ 单击表单上的"关闭"按钮,结束该界面的设计。

2. 大小写字符自动转换的界面设计

(1) 对象属性设置

对象属性的设置如表 7.2 所示。

表 7.2　属性设置一览表

对象名称	属性名称	属性值	备注
label1	autosize	. t.	
	caption	小写字母:	
	fontsize	16	
label2	autosize	. t.	
	大写字母	一次系数:	
	fontsize	16	
text1	fontsize	16	
text2	fontsize	16	

(2) 代码设计

• text1_interactivechange()里面的代码:

　　thisform. text2. value=upper(thisform. text1. value)

(3) 运行界面

① 运行设计好的表单,以"大小写转换"作为该表单的文件名,分别在文本框 text1 中输入 abcdefg 字符,并随时观察结果,如图 7.3 所示。

② 在文本框 text1 中随机输入任意字符,并观察结果,如图 7.4 所示。

③ 删除文本框 text1 中任意字符,并观察结果,如图 7.5 所示。

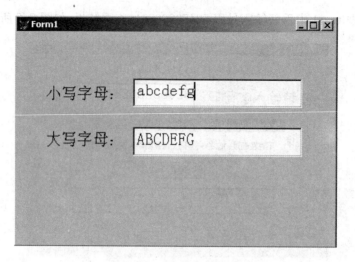

图 7.3　"大小写转换"界面

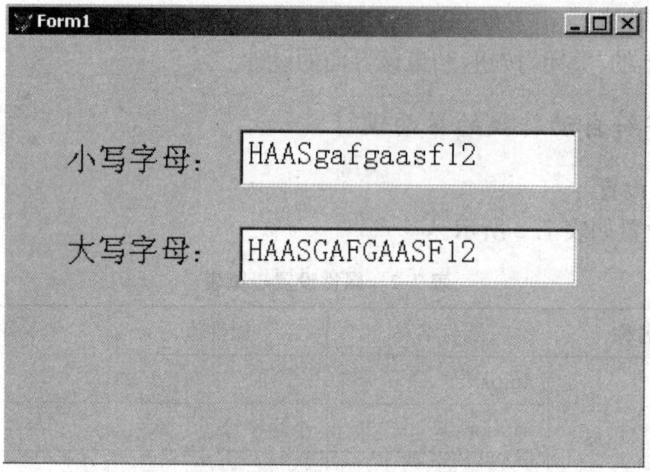

图 7.4　"混合字符输入"界面

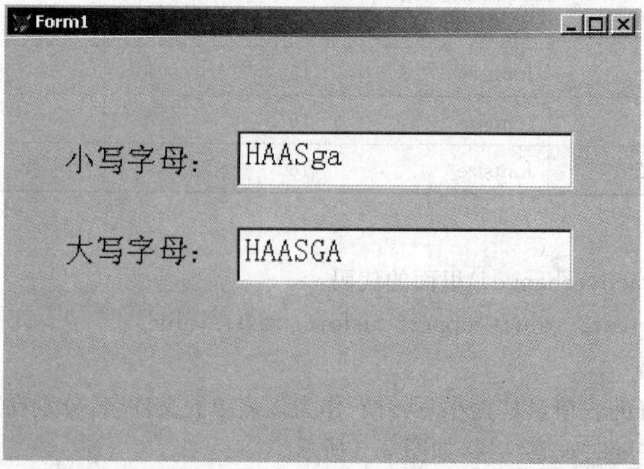

图 7.5　"字符删除"界面

④ 单击表单上的"关闭"按钮,结束该界面的设计。

小提示

（1）语句"thisform. text1. value＝"""的功能是清除文本框 text1 中的内容。

（2）语句"thisform. text1. setfocus"的功能是把输入焦点设置在文本框 text1 中。

（3）如果大家发现在文本框 text1 中只能少量输入字符时,可能是文本框 text1 控件的宽度（width）不够,在设计界面把该控件的宽度增大些即可。

实验八 宏替换函数 & 与表单设计

一、实验目的

1. 掌握宏替换函数 & 的使用方法。
2. 掌握表单设计器的构成。
3. 掌握表单的新建、运行、修改方法。
4. 掌握表单控件工具栏的使用方法。
5. 掌握向表单中添加控件的方法。
6. 掌握属性窗口的使用方法。
7. 掌握对象属性值的修改方法。
8. 掌握表代码窗口的使用方法。
9. 掌握对象的属性、事件、方法的含义。

二、实验内容

利用表单技术设计并实现多表浏览的界面。

三、实验步骤

1. 多表浏览界面

（1）表的设计

① 在表设计器中分别设计如表 8.1 和表 8.2 所示的结构。

表 8.1 "学生"表结构

字段名称	类型	宽度	小数位数	备注
学号	字符型	6		
姓名	字符型	8		
语文	数值型	3		
数学	数值型	3		
英语	数值型	3		
电算	数值型	3		

表 8.2 "教师"表结构

字段名称	类型	宽度	小数位数	备注
工号	字符型	6		
姓名	字符型	8		
性别	字符型	2		
职称	字符型	6		
专业	字符型	10		

② 分别给以上两个表输入若干条记录，如图 8.1 和图 8.2 所示。

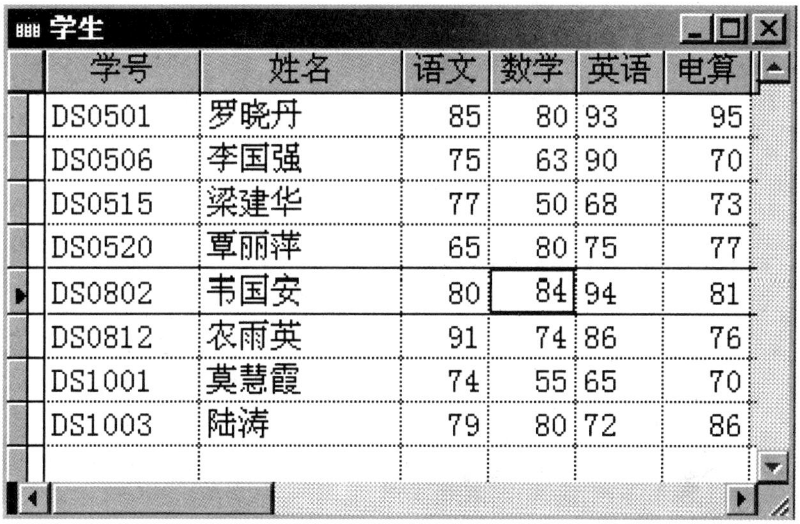

学生

学号	姓名	语文	数学	英语	电算
DS0501	罗晓丹	85	80	93	95
DS0506	李国强	75	63	90	70
DS0515	梁建华	77	50	68	73
DS0520	覃丽萍	65	80	75	77
DS0802	韦国安	80	84	94	81
DS0812	农雨英	91	74	86	76
DS1001	莫慧霞	74	55	65	70
DS1003	陆涛	79	80	72	86

图 8.1 "学生"表

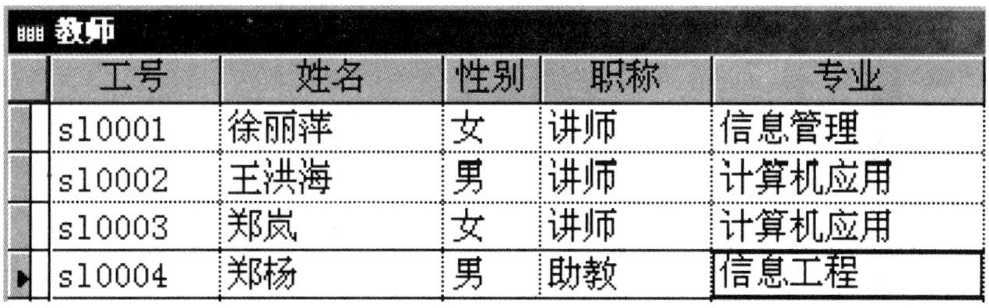

教师

工号	姓名	性别	职称	专业
s10001	徐丽萍	女	讲师	信息管理
s10002	王洪海	男	讲师	计算机应用
s10003	郑岚	女	讲师	计算机应用
s10004	郑杨	男	助教	信息工程

图 8.2 "教师"表

(2) 表单数据环境设置

① 打开表单设计器，在表单上空白处单击鼠标右键，在弹出的菜单中选择"数据环境"选项，如图 8.3 所示。

② 在随后进入的"添加表或视图"对话框中选择右边的"其他(O)..."按钮，如图 8.4 所示。

③ "打开"对话框，如图 8.5 所示。

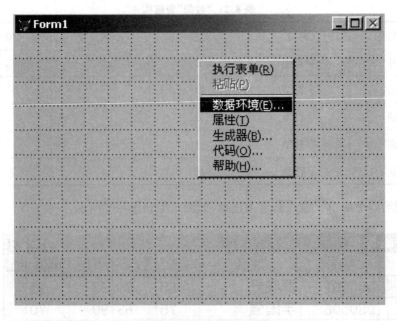

图 8.3　表单上弹出式菜单

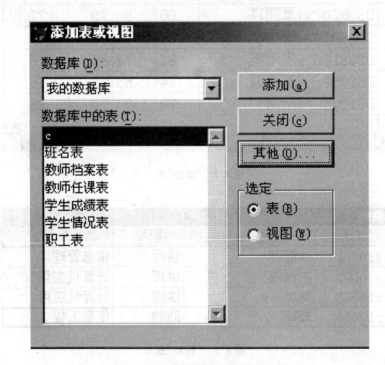

图 8.4　"添加表或视图"对话框

④ 在打开的"打开"对话框中分别选择要添加的"学生"表和"教师"表,如图 8.6 所示,然后选择"添加表或视图"对话框中的"关闭(c)"按钮,再单击"数据环境设计器"窗口右上角的关闭按钮,结束该表单数据环境的设置。

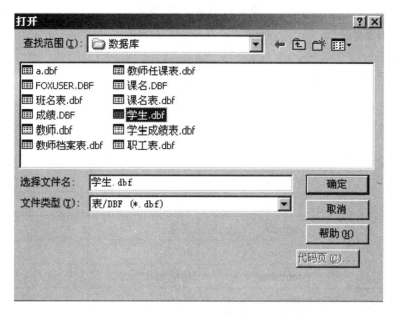

图 8.5　"打开"对话框

图 8.6　表单"数据环境设计器"

小提示

　　把在表单中所有要操作的表提前添加到表单的数据环境中,在使用这些表时一般情况下就不需要额外使用命令打开这些表了。另外,在结束数据环境设置时,不要把关闭"数据环境"窗口和关闭"表单"窗口混为一谈。

　　(3)对象属性设置

　　对象属性的设置如表 8.3 所示。

表 8.3 属性设置一览表

对象名称	属性名称	属性值	备注
form1	autocenter	.t.	
label1	autosize	.t.	
	caption	选择要浏览的表：	
	fontsize	16	
combo1	fontsize	16	
	rowsourcetype	1-值	
	rowsource	学生,教师	
command1	caption	浏览	
	fontsize	16	
	fontname	楷体_GB2312	
command2	caption	关闭	
	fontsize	16	
	fontname	楷体_GB2312	

小提示

控件 combo1 的 rowsource 属性值之间一定要用英文的逗号隔开,比如"学生"和"教师"之间的逗号就应该是英文的符号。

(4) 代码设计

- command1_clik()里面的代码:

    a＝alltrim(thisform.combo1.value)

    b＝"select "＋a

    &b

    browse

- command2_click()里面的代码:

    thisform.release

(5) 运行界面

① 运行设计好的表单,以"多表浏览"作为该表单的文件名,如图 8.7 所示。

② 在组合框 combo1 中选择"学生"并单击"浏览"命令按钮,查看结果,如图 8.8 所示。

③ 关闭"学生"表的浏览。

④ 在组合框 combo1 中选择"教师"并单击"浏览"命令按钮,查看结果,如图 8.9 所示。

⑤ 关闭"教师"表的浏览。

⑥ 单击表单上的"关闭"按钮,结束该界面的设计。

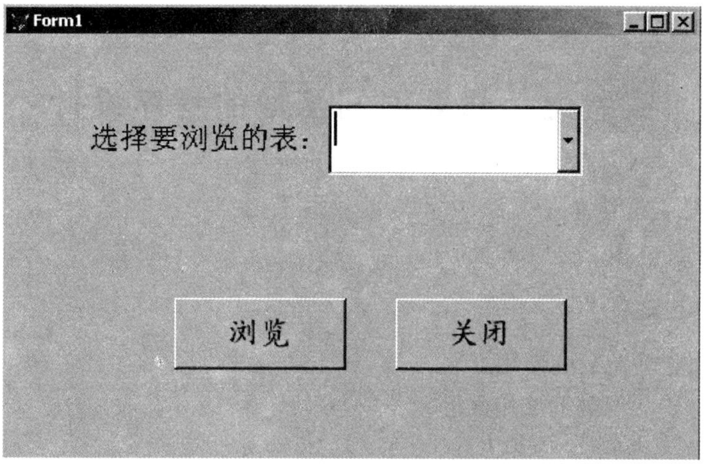

图 8.7 "多表浏览"界面

图 8.8 浏览"学生"表

图 8.9 浏览"教师"表

实验九　日期时间函数的程序设计

一、实验目的

1. 掌握 date( )函数的使用方法。
2. 掌握 time( )函数的使用方法。
3. 掌握 day( )函数的使用方法。
4. 掌握 month( )、cmonth( )函数的方法。
5. 掌握 dow( )、cdow( )函数的使用方法。
6. 掌握 year( )函数的使用方法。
7. 掌握对象属性值的修改方法。
8. 掌握表代码窗口的使用方法。
9. 掌握对象的属性、事件、方法的含义。

二、实验内容

1. 利用表单技术设计并实现时间的动态显示界面。
2. 编程及实现并制作一个日历表。

三、实验步骤

1. 时间的动态显示

（1）对象属性设置

对象属性的设置如表 9.1 所示。

表 9.1　属性设置一览表

对象名称	属性名称	属性值	备注
form1	autocenter	. t.	
label1	autosize	. t.	
	caption		
	fontsize	16	
timer1	interval	200	

（2）代码设计

· timer1_timer( )里面的代码：

thisform. label1. caption＝time()

（3）运行界面

① 运行设计好的表单，以"动态时间"作为该表单的文件名，如图 9.1 所示。

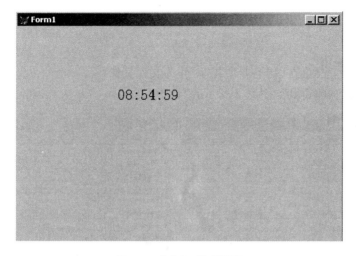

图 9.1　"动态时间"界面

2. 日历表的制作

（1）表的设计

在表设计器中分别设计如表 9.2 所示的结构表。

表 9.2　"日历"表结构

字段名称	类型	宽度	小数位数	备注
年	整型	4		
月	整型	4		
日	整型	4		
星期	字符型	9		

（2）代码设计

新建一个程序，在程序窗口中输入以下代码：

```
use 日历
s＝date()
for i＝1 to 3650
  n＝year(s＋i)
  y＝month(s＋i)
  r＝day(s＋i)
  xq＝cdow(s＋i)
  append blank
  replace 年 with n
  replace 月 with y
```

```
        replace 日 with r
        replace 星期 with xq
    endfor
    browse
    use
```

（3）程序运行

① 程序输入完成以后，以"第四个程序"作为文件名保存。

② 运行该程序，将得到如图 9.2 所示的"日历"表。

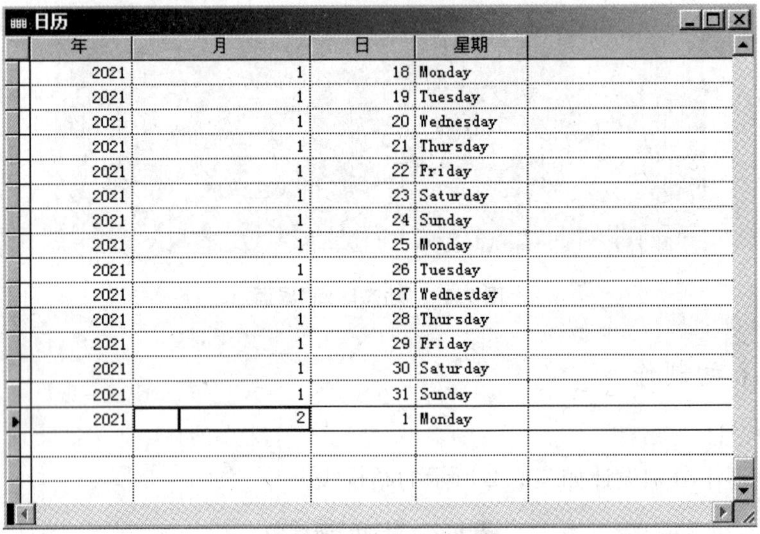

年	月	日	星期
2021	1	18	Monday
2021	1	19	Tuesday
2021	1	20	Wednesday
2021	1	21	Thursday
2021	1	22	Friday
2021	1	23	Saturday
2021	1	24	Sunday
2021	1	25	Monday
2021	1	26	Tuesday
2021	1	27	Wednesday
2021	1	28	Thursday
2021	1	29	Friday
2021	1	30	Saturday
2021	1	31	Sunday
2021	2	1	Monday

图 9.2　"日历"表

小提示

在上面的程序中，是以当前的日期往后推 10 年（3650 天）所形成一个日历，理论上可以推算出足够长的日历表出来，但实际上，因为受制于计算机软硬件等条件的影响，建议大家在推算时不要设置太大的数，否则计算机响应时间会很长。

实验十 转换函数与表单设计

一、实验目的

1. 掌握转换函数的使用方法。
2. 掌握表单设计器的构成。
3. 掌握表单的新建、运行、修改方法。
4. 掌握表单控件工具栏的使用方法。
5. 掌握向表单中添加控件的方法。
6. 掌握属性窗口的使用方法。
7. 掌握对象属性值的修改方法。
8. 掌握表代码窗口的使用方法。
9. 掌握对象的属性、事件、方法的含义。

二、实验内容

利用表单技术设计并实现信息存储的界面。

三、实验步骤

（1）表的设计

在表设计器中分别设计如表10.1所示的结构。

表 10.1 "学生"表结构

字段名称	类型	宽度	小数位数	备注
学号	字符型	6		
姓名	字符型	8		
性别	字符型	2		
出生年月	日期型	8		
入学成绩	数值型	5	1	

（2）表单数据环境设置

打开表单设计器，在表单上空白处单击鼠标右键，在弹出的菜单中选择"数据环境"选项，把刚刚新建的"学生"表添加到数据环境中，如图10.1所示。

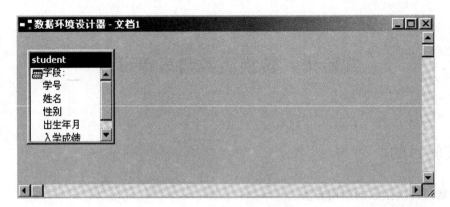

图 10.1　数据环境设计器

（3）对象属性设置

对象属性的设置如表 10.2 所示。

表 10.2　属性设置一览表

对象名称	属性名称	属性值	备注
form1	autocenter	. t.	
label1	autosize	. t.	
	caption	学号：	
	fontsize	16	
label2	autosize	. t.	
	caption	姓名：	
	fontsize	16	
label3	autosize	. t.	
	caption	性别：	
	fontsize	16	
label4	autosize	. t.	
	caption	入学成绩：	
	fontsize	16	
label5	autosize	. t.	
	caption	出生年月：	
	fontsize	16	
label6	autosize	. t.	
	caption	学生注册系统	
	fontsize	24	
	fontname	楷体_GB2312	

续表

对象名称	属性名称	属性值	备注
label7	autosize	. t.	
	caption	年	
	fontsize	16	
label8	autosize	. t.	
	caption	月	
	fontsize	16	
label9	autosize	. t.	
	caption	日	
	fontsize	16	
combo1	fontsize	16	
	rowsourcetype	1-值	
	rowsource	男,女	
combo2	fontsize	16	
	rowsourcetype	1-值	
	rowsource	1990,1991,1992,1993	
combo3	fontsize	16	
	rowsourcetype	1-值	
	rowsource	1,2,3,4,5,6,7,8,9,10,11,12	
combo4	fontsize	16	
	rowsourcetype	1-值	
	rowsource	1,2,3,4,5,6,7,8,9,10	
text1	fontsize	16	
text2	fontsize	16	
text3	fontsize	16	
command1	caption	注册	
	fontsize	16	
	fontname	楷体_GB2312	
command2	caption	关闭	
	fontsize	16	
	fontname	楷体_GB2312	

小提示

　　由于条件有限,本例中仅以 1990,1991,1992,1993 四个年份为代表,日以 1～10 为代表。

(4) 代码设计

• command1_clik()里面的代码：

     append blank

     replace 学号 with alltrim(thisform. text1. value)

     replace 姓名 with alltrim(thisform. text2. value)

     replace 性别 with alltrim(thisform. combo1. value)

     replace 入学成绩 with val(thisform. text3. value)

     s="^"+thisform. combo2. value+"/"+thisform. combo3. value+"/"+thisform. combo4. value

     s=ctod(s)

     replace 出生年月 with s

     messagebox(姓名+"注册成功!")

• command2_click()里面的代码：

     thisform. release

(5) 运行界面

① 运行设计好的表单,以"学生注册"作为该表单的文件名,如图10.2所示。

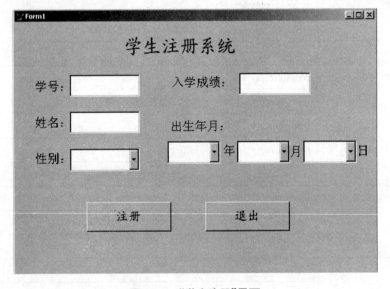

图 10.2 "学生注册"界面

② 在各个控件中输入或选择相应内容,并单击"注册"命令按钮,结果如图10.3所示。

③ 选择"确定"按钮。

④ 浏览"学生"表,查看结果如图10.4所示。

⑤ 单击表单上的"关闭"按钮,结束该界面的设计。

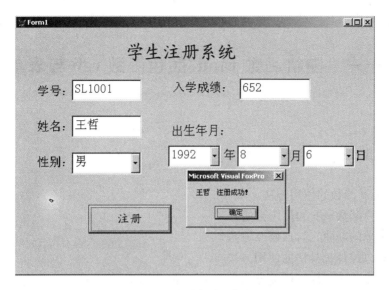

图 10.3 "信息注册"界面

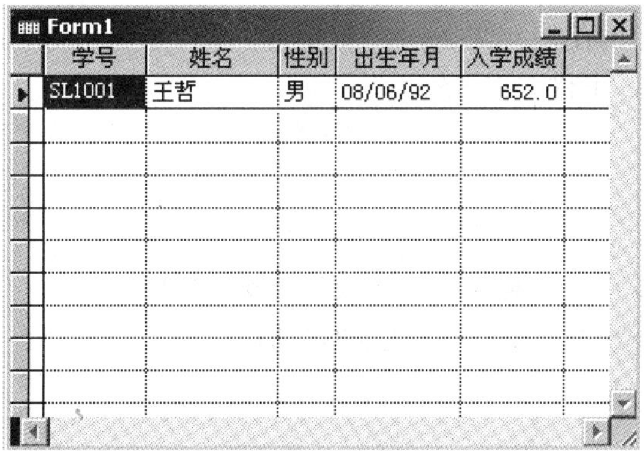

图 10.4 "学生"表

实验十一　随机函数 rand、颜色函数 rgb 与表单设计

一、实验目的

1. 掌握 rand 函数的使用方法。
2. 掌握颜色函数 rgb 的使用方法。
3. 掌握表单的新建、运行、修改方法。
4. 掌握表单控件工具栏的使用方法。
5. 掌握向表单中添加控件的方法。
6. 掌握属性窗口的使用方法。
7. 掌握对象属性值的修改方法。
8. 掌握表代码窗口的使用方法。
9. 掌握对象的属性、事件、方法的含义。

二、实验内容

1. 利用表单技术设计并实现几种经典颜色切换的界面。
2. 利用表单技术设计并实现任意颜色随机切换的界面。

三、实验步骤

1. 经典颜色切换界面

（1）对象属性设置

对象属性的设置如表 11.1 所示。

表 11.1　属性设置一览表

对象名称	属性名称	属性值	备注
form1	autocenter	. t.	
command1	caption	红色	
	fontsize	16	
command2	caption	绿色	
	fontsize	16	

续表

对象名称	属性名称	属性值	备注
command3	caption	蓝色	
	fontsize	16	
command4	caption	黑色	
	fontsize	16	

（2）代码设计
- command1_clik()里面的代码：
  thisform. backcolor＝rgb(255,0,0)
- command2_clik()里面的代码：
  thisform. backcolor＝rgb(0,255,0)
- command3_clik()里面的代码：
  thisform. backcolor＝rgb(0,0,255)
- command4_clik()里面的代码：
  thisform. backcolor＝rgb(0,0,0)

小提示

在 Visual FoxPro 6.0 中，对象属性值的修改方法一般有两种：一种是属性窗口设置法，另一种是代码法。一般地，通过代码修改对象属性值的公式为：thisform. ＊. 属性＝属性值，其中，"＊"往往表示一个对象。

（3）运行界面
① 运行设计好的表单，以"经典颜色切换"作为该表单的文件名，如图 11.1 所示。

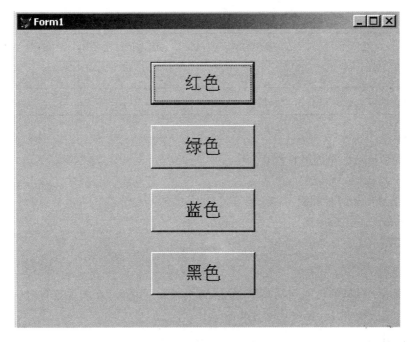

图 11.1　"经典颜色切换"界面

② 选择界面中不同的命令按钮,观察表单背景颜色的变化,如图 11.2 所示。

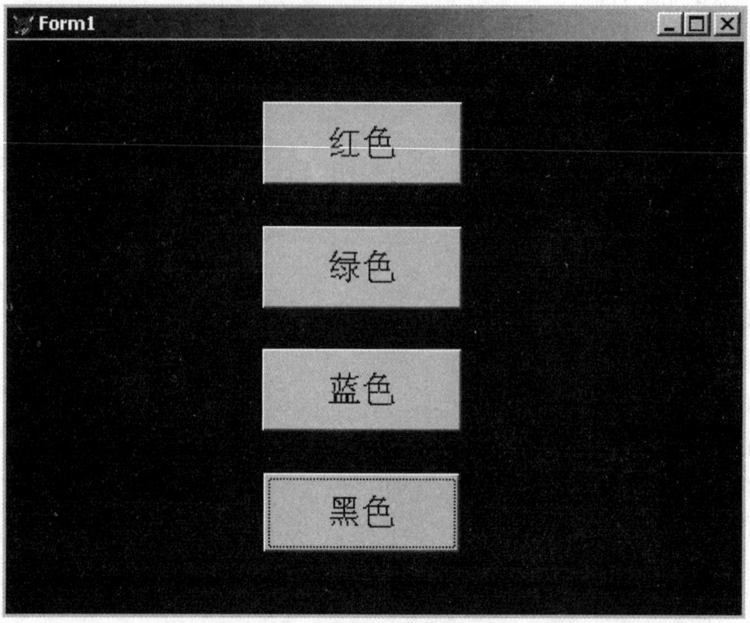

图 11.2 "黑色背景"界面

2. 随机颜色切换界面

(1) 对象属性设置

对象属性的设置如表 11.2 所示。

表 11.2 属性设置一览表

对象名称	属性名称	属性值	备注
form1	autocenter	. t.	
timer1	interval	200	

(2) 代码设计

- timer1_timer()里面的代码:

  r=int(rand() * 256)

  g=int(rand() * 256)

  b=int(rand() * 256)

  thisform. backcolor=rgb(r,g,b)

小提示

计时器 timer 对象的时间间隔属性 interval 的单位是毫秒,在表单运行时一定要保证该属性值是一个大于 0 的数,否则计时器将不工作。

(3) 运行界面

运行设计好的表单,以"随机颜色切换"作为该表单的文件名。图 11.3 和图 11.4 是同一个界面在不同时刻捕捉到的。

图 11.3　"随机颜色切换"界面(红色)

图 11.4　"随机颜色切换"界面(绿色)

实验十二　数据库函数与表单设计

一、实验目的

1. 掌握记录指针的移动、定位方法。
2. 掌握 bof 和 eof 函数的使用方法。
3. 掌握表单的新建、运行、修改方法。
4. 掌握表单控件工具栏的使用方法。
5. 掌握向表单中添加控件的方法。
6. 掌握属性窗口的使用方法。
7. 掌握对象属性值的修改方法。
8. 掌握表代码窗口的使用方法。
9. 掌握对象的属性、事件、方法的含义。

二、实验内容

利用表单技术设计并实现记录的逐个浏览界面。

三、实验步骤

1. 记录的逐个浏览界面

（1）表的设计

① 在表设计器中分别设计如表 12.1 所示的结构。

表 12.1　"学生"表结构

字段名称	类型	宽度	小数位数	备注
学号	字符型	6		
姓名	字符型	8		
语文	数值型	3		
数学	数值型	3		
英语	数值型	3		
电算	数值型	3		

② 给"学生"表输入若干条记录,如图 12.1 所示。

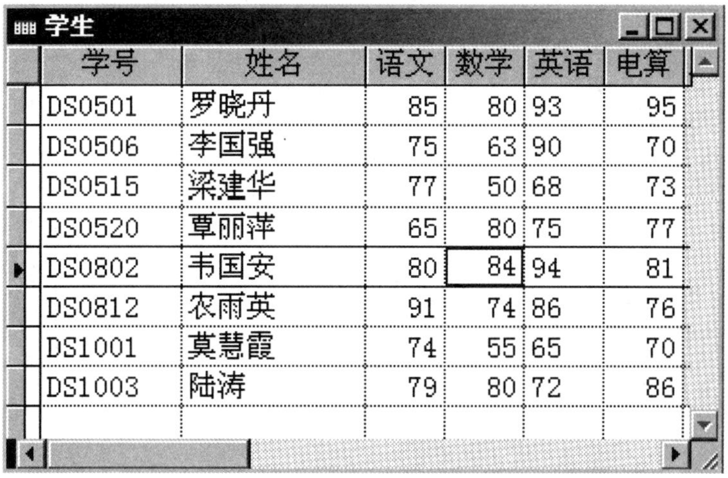

图 12.1　"学生"表

如果以前上机所做的"学生"表依然存在,此步可以省去。

(2) 表单数据环境设置

① 打开表单设计器,在表单上空白处单击鼠标右键,在弹出的菜单中选择"数据环境"选项,把"学生"表添加到表单的数据环境中,如图 12.2 所示。

图 12.2　表单的数据环境设计器

② 把鼠标移到数据环境设计器中的"学号"字段上,按住鼠标左键,直接把它拖拽到表单上,如图 12.3 所示。

③ 采用相同的方法,把"学生"表中的其余字段都拖拽到表单上合适位置,并设置各个对象的初始属性值,如图 12.4 所示。

(3) 对象属性设置

对象属性的设置如表 12.2 所示。

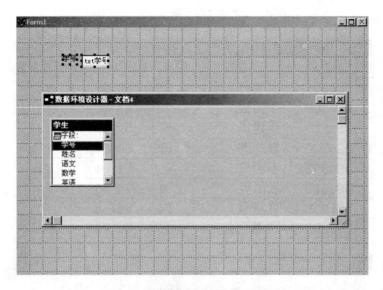

图 12.3　拖曳"学号"字段到表单

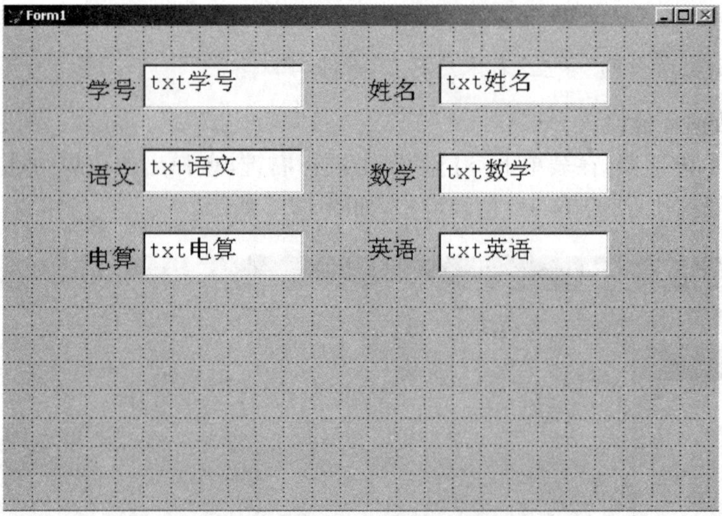

图 12.4　拖曳所有字段到表单

表 12.2　属性设置一览表

对象名称	属性名称	属性值	备注
form1	autocenter	. t.	
	autosize	. t.	
lbl 学号	caption	学号	
	fontsize	16	
	autosize	. t.	
lbl 姓名	caption	姓名	
	fontsize	16	

续表

对象名称	属性名称	属性值	备注
lbl 语文	autosize	. t.	
	caption	语文	
	fontsize	16	
lbl 数学	autosize	. t.	
	caption	数学	
	fontsize	16	
lbl 电算	autosize	. t.	
	caption	电算	
	fontsize	16	
lbl 英语	autosize	. t.	
	caption	英语	
	fontsize	16	
txt 学号	fontsize	16	
txt 姓名	fontsize	16	
txt 语文	fontsize	16	
txt 数学	fontsize	16	
txt 电算	fontsize	16	
txt 英语	fontsize	16	
command1	caption	下一个	
	fontsize	16	
command2	caption	上一个	
	fontsize	16	
command3	caption	首记录	
	fontsize	16	
command4	caption	末记录	
	fontsize	16	

（4）代码设计

- command1_clik()里面的代码：

```
skip
thisform. command2. enabled=. t.
if eof()
    go bottom
    thisform. command1. enabled=. f.
```

```
    endif
    thisform. refresh
```
• command2_clik()里面的代码：
```
skip-1
thisform. command1. enabled=. t.
if bof()
    go top
    thisform. command2. enabled=. f.
endif
thisform. refresh
```
• command3_clik()里面的代码：
```
    go top
    thisform. command1. enabled=. t.
    thisform. command2. enabled=. t.
    thisform. refresh
```
• command4_clik()里面的代码：
```
gobottom
thisform. command1. enabled=. t.
thisform. command2. enabled=. t.
thisform. refresh
```

（5）运行界面

① 运行设计好的表单，以"逐个浏览记录"作为该表单的文件名，如图 12.5 所示。

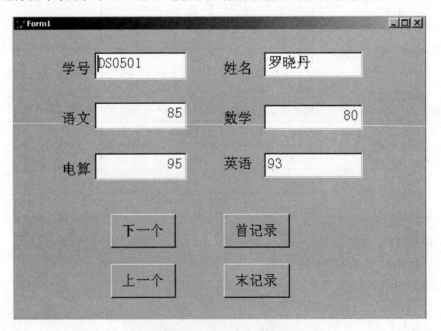

图 12.5 "逐个浏览记录"界面

② 不停地选择"下一个"，直到不能继续为止，如图 12.6 所示。

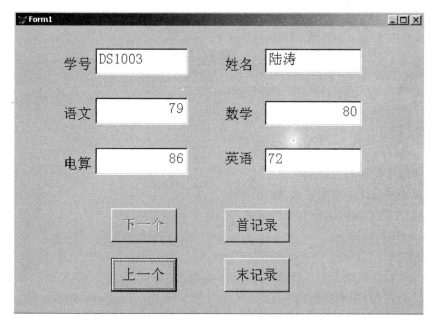

图 12.6　"记录浏览结束"界面

③ 不停地选择"上一个"，直到不能继续为止，如图 12.7 所示。

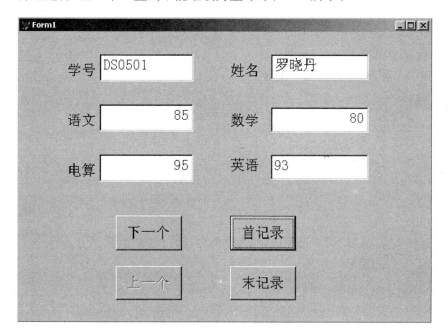

图 12.7　"记录开始"界面

④ 选择其他两个按钮，也可以交叉选择，并观察界面的变化。

⑤ 退出该表单，完成整个表单的设计任务。

实验十三　图形与程序设计

一、实验目的

1. 掌握程序设计的三种结构。
2. 掌握程序设计的常用输入、输出语句。
3. 掌握程序的新建、运行和修改方法。

二、实验内容

编程及实现各种图形的输出。

三、实验步骤

1. 输出图形

(1) 6行、8列的矩形

① 新建一个程序，并输入如下代码：

```
clear
for i=1 to 6
for j=1 to 8
??" * "
endfor
?
endfor
```

② 运行该程序，并以"第五个程序"作为文件名，运行结果如图 13.1 所示。

(2) 8行、6列的矩形

① 新建一个程序，并输入如下代码：

```
clear
for i=1 to8
for j=1 to6
??" * "
endfor
?
endfor
```

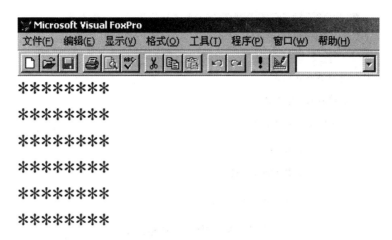

图 13.1 6 行、8 列的矩形

② 运行该程序,并以"第六个程序"作为文件名,运行结果如图 13.2 所示。

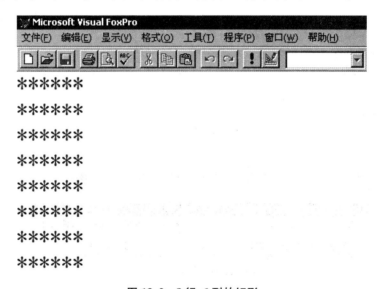

图 13.2 8 行、6 列的矩形

(3) 6 行、8 列的左倾平行四边形

① 新建一个程序,并输入如下代码:

```
clear
for i=1 to 6
?? space(i)
for j=1 to 8
??" * "
endfor
?
endfor
```

② 运行该程序,并以"第七个程序"作为文件名,运行结果如图 13.3 所示。

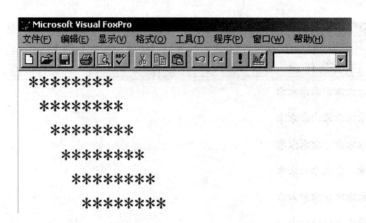

图 13.3　左倾平行四边形

（4）6 行、8 列的右倾平行四边形

① 新建一个程序，并输入如下代码：

```
clear
for i＝1 to 6
?? space(10-i)
for j＝1 to 8
??" * "
endfor
?
endfor
```

② 运行该程序，并以"第八个程序"作为文件名，运行结果如图 13.4 所示。

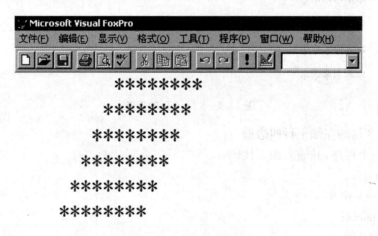

图 13.4　右倾平行四边形

（5）直角三角形

① 新建一个程序，并输入如下代码：

```
clear
for i＝1 to 6
for j＝1 to i
```

```
??" * "
endfor
?
endfor
```

② 运行该程序,并以"第九个程序"作为文件名,运行结果如图 13.5 所示。

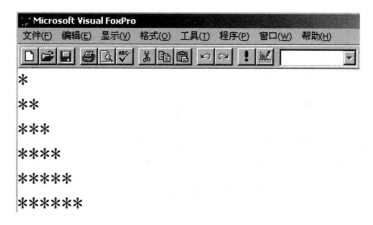

图 13.5　直角三角形

(6) 倒立直角三角形

① 新建一个程序,并输入如下代码:

```
clear
for i=1 to 8
for j=1 to 9-i
??" * "
endfor
?
endfor
```

② 运行该程序,并以"第十个程序"作为文件名,运行结果如图 13.6 所示。

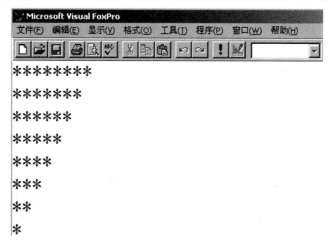

图 13.6　倒立直角三角形

(7) 等腰三角形

① 新建一个程序,并输入如下代码:

```
clear
for i=1 to 6
?? space(20-i)
for j=1 to i
??" * "
endfor
?
endfor
```

② 运行该程序,并以"第十一个程序"作为文件名,运行结果如图 13.7 所示。

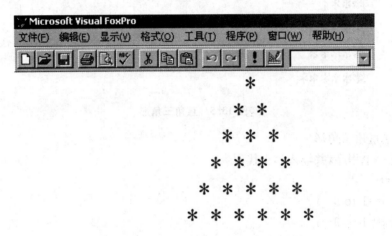

图 13.7　等腰三角形

实验十四 科学计算与程序设计

一、实验目的

1. 掌握程序设计的三种结构。
2. 掌握程序设计的常用输入、输出语句。
3. 掌握程序的新建、运行和修改方法。

二、实验内容

1. 找出所有的"水仙花"数。所谓"水仙花"数,是指这样一个三位数,其各位数字的立方和等于该数本身。例如:153 是一个"水仙花"数,因为 $153 = 1^3 + 5^3 + 3^3$。

2. 中国古代"百钱百鸡"问题:鸡翁一,值钱五,鸡母一,值钱三,鸡雏三,值钱一;百钱买百鸡,问翁、母、雏各几何?

3. 中国古代剩余定理:有物不知几何,三三数余一,五五数余二,七七数余三,问物有几何? 编程求 1000 以内的所有解。

4. 任意输入两个正整数,找出它们的最大公约数。

三、实验步骤

1. 求解"水仙花"数

① 新建一个程序,并输入如下代码:

```
clear
for i=100 to 999
   a=i%10              && 分解出个位
   b=(i−a)/10%10       && 分解出十位
   c=int(i/100)        && 分解出百位
   if a^3+b^3+c^3=i
     ? i
   endif
endfor
```

② 运行该程序,并以"第十二个程序"作为文件名,运行结果如图 14.1 所示。

2."百钱百鸡"问题

① 新建一个程序,并输入如下代码:

153
370
371
407

图 14.1 "水仙花"数

```
clear
for i=1 to100        && 鸡翁
for j=1 to100        && 鸡母
for k=1 to 100       && 鸡雏
if i*5+j*3+k/3=100 and i+j+k=100
    ?"翁:",i,"母:",j,"雏:",k
endif
endfor
endfor
endfor
```

② 运行该程序,并以"第十三个程序"作为文件名,运行结果如图 14.2 所示。

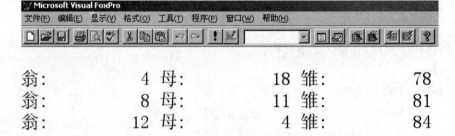

翁:　　　4 母:　　　18 雏:　　　78
翁:　　　8 母:　　　11 雏:　　　81
翁:　　12 母:　　　4 雏:　　　84

图 14.2 "百钱百鸡"问题

小提示

上面的程序有需要改进的地方,因为鸡翁值钱五,百钱最多买 20 只鸡翁,其他都类似,所以,改进的程序如下,请大家上机调试看看结果是否和上面的一致:

```
clear
for i=1 to20         && 鸡翁
for j=1 to34         && 鸡母
for k=1 to 100       && 鸡雏
```

```
if i * 5+j * 3+k/3＝100 and i+j+k＝100
    ?"翁：",i,"母：",j,"雏：",k
endif
endfor
endfor
endfor
```

3. "剩余定理"问题

① 新建一个程序，并输入如下代码：

```
clear
for i＝1 to 1000
    if i％3＝1 and i％5＝2 and i％7＝3
    ? i
endif
endfor
```

② 运行该程序，并以"第十四个程序"作为文件名，运行结果如图 14.3 所示。

```
                52
               157
               262
               367
               472
               577
               682
               787
               892
               997
```

图 14.3　"剩余定理"问题

4. 求解最大公约数

① 新建一个程序，并输入如下代码：

```
clear
input"请输入一个正整数：" to a
input"请再输入一个正整数：" to b
for i＝1 to min(a,b)
```

```
    if a%i=0 and b%i=0
      c=i
      endif
    endfor
    ? a,b,"的最大公约数为:",c
```

② 运行该程序,并以"第十五个程序"作为文件名,分别输入 12、6,运行结果如图 14.4 所示。

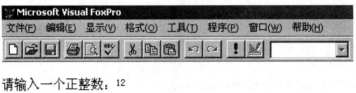

请输入一个正整数:12

请再输入一个正整数:6

　　　12　　　　　　6 的最大公约数为:　　　　　6

图 14.4　求解最大公约数

③ 再次运行该程序,分别输入 12、8,运行结果如图 14.5 所示。

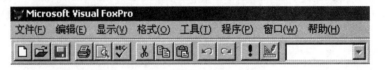

请输入一个正整数:12

请再输入一个正整数:8

　　　12　　　　　8 的最大公约数为:　　　　4

图 14.5　求解最大公约数

实验十五　报　表　设　计

一、实验目的

1. 熟悉报表设计器的构成。
2. 掌握一般报表的设计过程。

二、实验内容

设计一个"学生"报表。

三、实验步骤

1. 设计"学生"报表

（1）表的设计

① 在表设计器中分别设计如表 15.1 所示的结构。

表 15.1　"学生"表结构

字段名称	类型	宽度	小数位数	备注
学号	字符型	6		
姓名	字符型	8		
语文	数值型	3		
数学	数值型	3		
英语	数值型	3		
电算	数值型	3		

② 给"学生"表输入若干条记录，如图 15.1 所示。

小提示

如果以前上机所做的"学生"表依然存在，此步可以省去。

（2）设置报表数据环境

① 在 Visual FoxPro 6.0 环境中，打开新建对话框，在"文件类型"中选择"报表(R)"，然后选择右边的"新建文件(N)"按钮，如图 15.2 所示。

学生

学号	姓名	语文	数学	英语	电算
DS0501	罗晓丹	85	80	93	95
DS0506	李国强	75	63	90	70
DS0515	梁建华	77	50	68	73
DS0520	覃丽萍	65	80	75	77
DS0802	韦国安	80	84	94	81
DS0812	农雨英	91	74	86	76
DS1001	莫慧霞	74	55	65	70
DS1003	陆涛	79	80	72	86

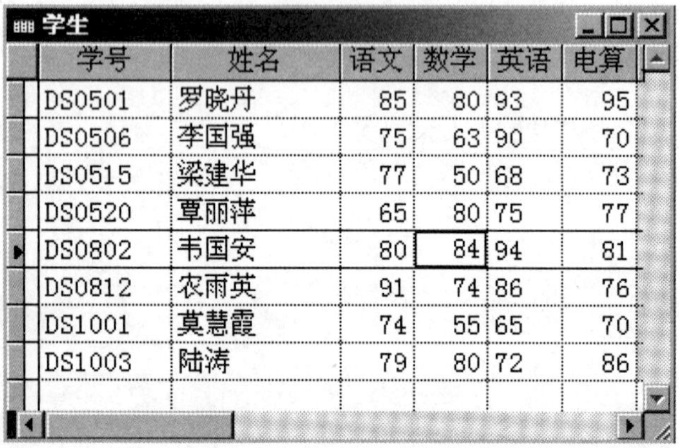

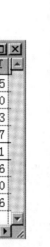

图 15.1 “学生”表

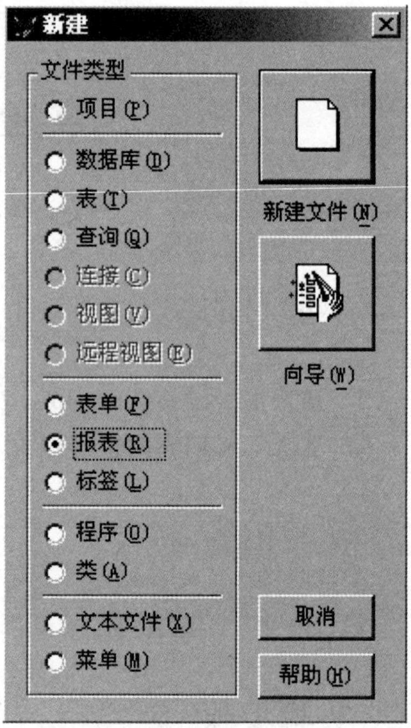

图 15.2 “新建”对话框

② 在打开的报表设计器中，鼠标右击，在弹出的菜单中选择“数据环境(E)...”菜单项，如图 15.3 所示。

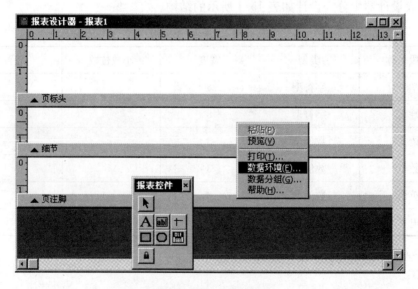

图 15.3 报表设计器

③ 在打开的数据环境设计器中，鼠标右击，在弹出的菜单中选择“添加(A)...”菜单项，如图 15.4 所示。

④ 在弹出的打开对话框中，选择“学生”表，然后选择右边的“确定”按钮，如图 15.5 所示。

图 15.4 数据环境设计器

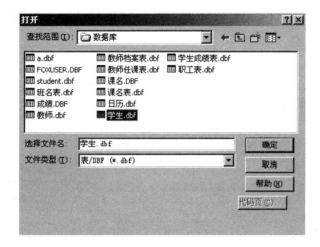

图 15.5 "打开"对话框

（3）制作报表

① 在报表控件工具栏中选择"标签"，然后把鼠标移到"页标头"区的合适位置单击，输入"学生报表"，如图 15.6 所示。

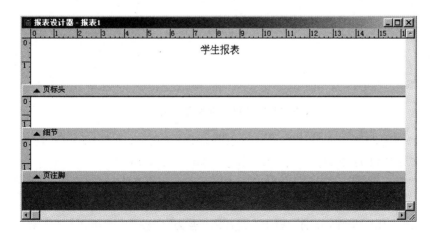

图 15.6 报表设计器

② 先后在报表控件工具栏中选择"标签"，然后把鼠标移到"页标头"区的合适位置单击，分别输入"学号"、"姓名"、"语文"、"数学"、"英语"、"电算"，如图 15.7 所示。

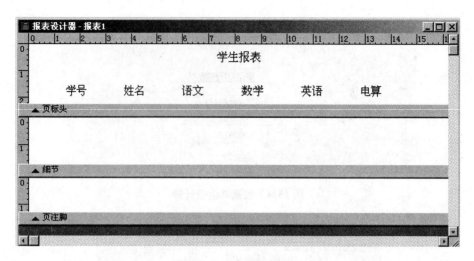

图 15.7　报表设计器

③ 在报表控件工具栏中选择"域控件"，然后把鼠标移到"细节"区的合适位置单击，弹出"报表表达式"对话框，如图 15.8 所示。

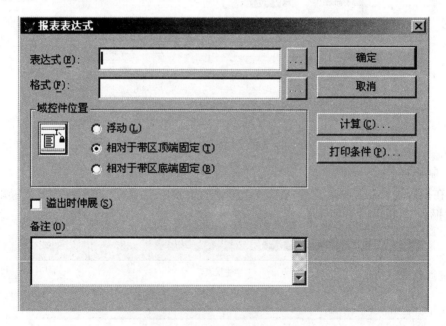

图 15.8　"报表表达式"对话框

④ 单击"表达式"后面的 ▓，弹出"表达式生成器"对话框，如图 15.9 所示。

⑤ 双击"字段(F)："区域中的"学生.学号"，如图 15.10 所示。

⑥ 单击"确定"按钮，并关闭"报表表达式"对话框，则"学号"细节设置成功，如图 15.11 所示。

⑦ 采用以上相同步骤，分别设置好"姓名"、"语文"、"数学"、"英语"、"电算"细节，如图 15.12 所示。

⑧ 右击报表设计器，在弹出的菜单中选择"预览"菜单项，就可以看到所制作报表的预览状态，如图 15.13 所示。

⑨ 保存该报表,并以"学生报表"文件名存储。

图 15.9　"表达式生成器"对话框

图 15.10　"报表表达式"对话框

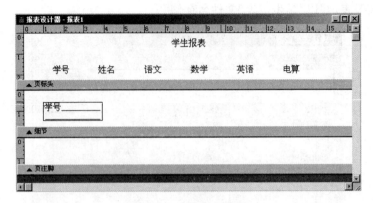

图 15.11　报表设计器

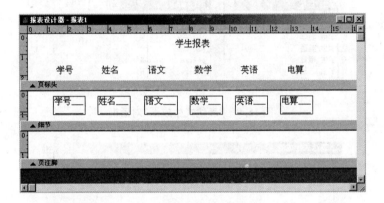

图 15.12　报表设计器

学生报表					
学号	姓名	语文	数学	英语	电算
DS0501	罗晓丹	85	80	93	95
DS0506	李国强	75	63	90	70
DS0515	梁建华	77	50	68	73
DS0520	覃丽萍	65	80	75	77
DS0802	韦国安	80	84	94	81
DS0812	农雨英	91	74	86	76
DS1001	莫慧霞	74	55	65	70
DS1003	陆涛	79	80	72	86

图 15.13　预览报表

实验十六　菜　单　设　计

一、实验目的

1. 熟悉菜单设计器。
2. 掌握菜单的设计过程。
3. 掌握菜单的发布过程。

二、实验内容

设计一个菜单。

三、实验步骤

1. 设计"学生"报表

（1）表的设计

① 在表设计器中分别设计如表 16.1 所示的结构。

表 16.1　"学生"表结构

字段名称	类型	宽度	小数位数	备注
学号	字符型	6		
姓名	字符型	8		
语文	数值型	3		
数学	数值型	3		
英语	数值型	3		
电算	数值型	3		

② 给"学生"表输入若干条记录，如图 16.1 所示。

小提示

如果以前上机所做的"学生"表依然存在，此步可以省去。

（2）菜单框架设计

① 在 Visual FoxPro 6.0 环境中，打开新建对话框，在"文件类型"中选择"菜单(M)"，然后选择右边的"新建文件(N)"按钮，如图 16.2 所示。

② 在弹出的“新建菜单”对话框中，选择“菜单”，如图 16.3 所示。

学生

学号	姓名	语文	数学	英语	电算
DS0501	罗晓丹	85	80	93	95
DS0506	李国强	75	63	90	70
DS0515	梁建华	77	50	68	73
DS0520	覃丽萍	65	80	75	77
DS0802	韦国安	80	84	94	81
DS0812	农雨英	91	74	86	76
DS1001	莫慧霞	74	55	65	70
DS1003	陆涛	79	80	72	86

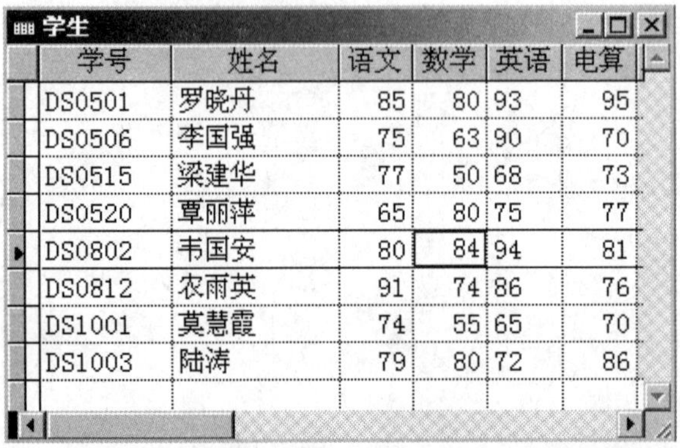

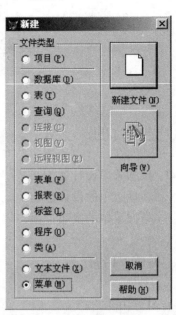

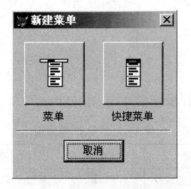

图 16.1 “学生”表

图 16.2 “新建”对话框

图 16.3 “新建菜单”对话框

③ 在弹出的“菜单设计器”的“菜单名称”栏中，分别输入“三联学院”、“合肥学院”、“黄山学院”，如图 16.4 所示。

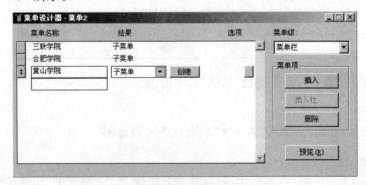

图 16.4 菜单设计器

④ 选择"三联学院"菜单项,在"结果"中选择"子菜单",选择右边的"创建"按钮,如图 16.5 所示。

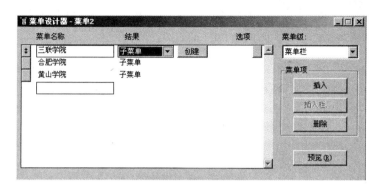

图 16.5 菜单设计器

⑤ 在弹出的"三联学院"子菜单项中,分别输入"信息与通信技术系"、"工商管理系"、"经济法政系",如图 16.6 所示。

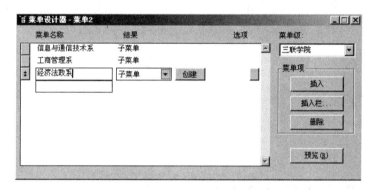

图 16.6 菜单设计器

⑥ 选择"信息与通信技术系"菜单项,在"结果"中选择"子菜单",选择右边的"创建"按钮,在弹出的"信息与通信技术系"子菜单项中,分别输入"电子信息工程专业"、"电气工程及其自动化专业"、"电子科学与技术专业",如图 16.7 所示。

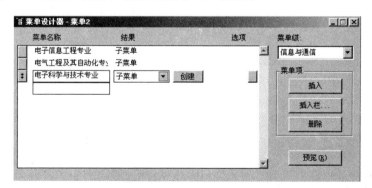

图 16.7 菜单设计器

⑦ 选择"电子信息工程专业"菜单项,在"结果"中选择"子菜单",选择右边的"创建"按钮,在弹出的"电子信息工程专业"子菜单项中,分别输入"电子信息工程(1)班"、"电子信息

工程(2)班",如图 16.8 所示。

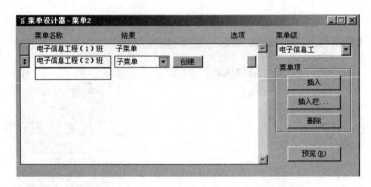

图 16.8　菜单设计器

⑧ 选择菜单设计器右下角的"预览(R)"按钮,可以看到所做菜单的效果图,如图 16.9 所示。

图 16.9　菜单预览

(3) 菜单项修饰

• 指定热键

① 在"三联学院"菜单项的后边,添加"(\<S)"内容,为该菜单项指定热键,如图 16.10 所示。

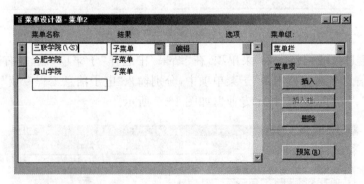

图 16.10　菜单设计器

小提示

菜单项的返回与进入,可以通过菜单设计器上的"菜单级"实现。

② 采用相同步骤,分别给所有菜单项指定热键,预览如图 16.11 所示。

• 添加分隔符

① 在"信息与通信技术系"和"工商管理系"菜单项之间增加一个新的菜单项,并输入 "\－"内容,则在两个菜单项之间就添加了分隔符,如图 16.12 所示。

图 16.11 菜单预览

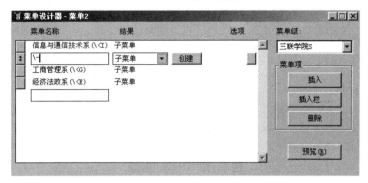

图 16.12 菜单设计器

小提示

水平菜单项之间是不能有分隔符的,比如"三联学院"和"合肥学院"之间是不能有分隔符。分隔符只能出现在"子菜单项"之间。

② 采用相同步骤,分别给所有子菜单项之间添加分隔符,预览如图 16.13 所示。

图 16.13 菜单预览

(4) 菜单编程

每一个最底层的子菜单项(叶子菜单项)是要完成一定功能的,所以,菜单的编程实际上是对这些子菜单项的编程。

① 选择"电子信息工程(1)班"子菜单项,在"结果"中选择"过程"选项,单击"创建"按钮,如图 16.14 所示。

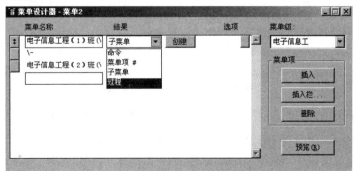

图 16.14 菜单设计器

② 在弹出的"过程"窗口中输入代码,如图 16.15 所示。

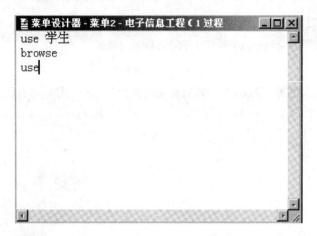

图 16.15 "过程"窗口

③ 关闭该"过程"窗口,采用相同步骤,给"电子信息工程(2)班"子菜单项编写代码。

(5) 菜单的发布

① 选择系统菜单"显示(V)"下的"常规选项(G)",如图 16.16所示。

图 16.16 "显示"菜单项

② 在弹出的"常规选项"对话框中,选中"顶层表单",单击"确定"按钮,如图 16.17 所示。

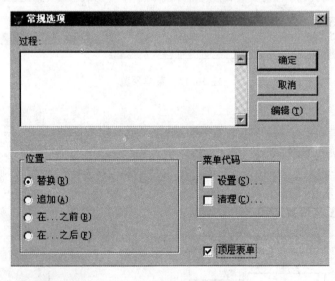

图 16.17 "常规选项"对话框

③ 选择系统菜单"菜单(M)"下的"生成(G)…",如图 16.18 所示。

④ 在弹出的窗口中选择"是(Y)"按钮,如图 16.19 所示。

⑤ 在另存为对话框中,输入"cd.mnx"作为该菜单的文件名,选择"保存(S)",如图16.20所示。

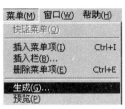

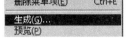

图 16.18 "菜单"菜单项

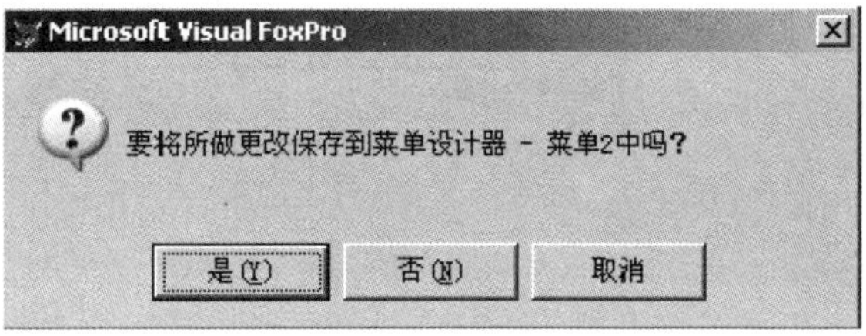

图 16.19 "选择"对话框

⑥ 在如图 16.21 所示的对话框中,选择"生成"按钮。

⑦ 新建一个表单,并进入表单设计器,在表单的属性窗口中找到属性"ShowWindow",把它设置成"2-作为顶层表单",如图 16.22 所示。

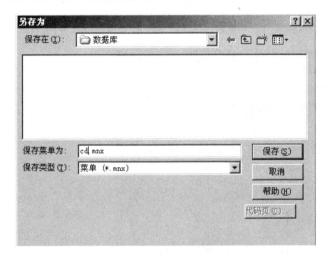

图 16.20 "另存为"对话框

图 16.21 "生成菜单"对话框

图 16.22 "属性"窗口

小提示

这里的表单可以是新建的也可以是以前就有的表单,也就是说发布菜单的表单可以是任何表单。

⑧ 打开表单的代码窗口,找到过程 Init,输入代码,如图 16.23 所示。

⑨ 运行该表单,发现制作的菜单已经成功发布到该表单上了,如图 16.24 所示。

⑩ 选择子菜单项"电子信息工程(1)班",则浏览"学生"表,如图 16.25 所示。

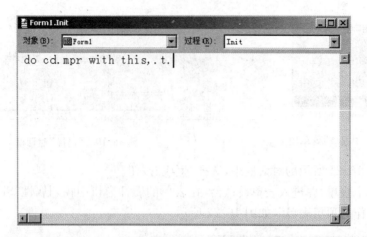

图 16.23　"代码"窗口

图 16.24　运行"表单"

学号	姓名	语文	数学	英语	电算	总分	平均分	
DS0501	罗晓丹	85	80	93	95			
DS0506	李国强	75	63	90	70			
DS0515	梁建华	77	50	68	73			
DS0520	覃丽萍	65	80	75	77			
DS0802	韦国安	80	84	94	81			
DS0812	农雨英	91	74	86	76			
DS1001	莫慧霞	74	55	65	70			
DS1003	陆涛	79	80	72	86			

图 16.25　浏览"学生"表

第二部分　全国计算机等级考级(二级 VFP)模拟试题及参考答案

模拟试题一

一、单项选择题

1. Visual FoxPro 的报表文件. FRX 中保存的是（　　）。
A) 打印报表的预览格式　　　　　　B) 打印报表本身
C) 报表的格式和数据　　　　　　　D) 报表设计格式的定义

2. 连编后可以脱离开 Visual FoxPro 独立运行的程序是（　　）。
A) PRG 程序　　　　　　　　　　　B) EXE 程序
C) FXP 程序　　　　　　　　　　　D) APP 程序

3. 在创建快速报表时,基本带区包括（　　）。
A) 页标头、页注脚和细节　　　　　B) 组标头、组注脚和细节
C) 报表标题、细节和组注脚　　　　D) 标题、细节和总结

4. 在下面列出的数据模型中,哪一个是概念数据模型（　　）。
A) 关系模型　　　　　　　　　　　B) 层次模型
C) 网状模型　　　　　　　　　　　D) 实体-联系模型

5. 如果一个公司只能有一个总经理,而且一个总经理不能同时担任其他公司的总经理,则公司和总经理两实体间的联系是（　　）。
A) 多对多联系　　　　　　　　　　B) 一对多联系
C) 多对一联系　　　　　　　　　　D) 一对一联系

6. 如果对一个关系实施了一种关系运算后得到了一个新的关系,而且新关系中的属性个数少于原来关系中的属性个数,这说明所实施的关系运算是（　　）。
A) 选择　　　　B) 投影　　　　C) 连接　　　　D) 并

7. 项目管理器的"数据"选项卡用于显示和管理（　　）。
A) 数据库、自由表、查询和视图　　B) 数据库、视图和查询
C) 数据库、自由表和查询　　　　　D) 数据库、表单和查询

8. 表文件已经打开,当前记录中姓名字段的值是"王小平"。执行以下命令序列:
  姓名＝"李敏"
   ? 姓名
屏幕显示的结果是（　　）。
A) 王小平　　　　B) 李敏　　　　C) 王小平李敏　　D) 李敏王小平

9. 下列逻辑表达式中,结果为.F. 的值是（　　）。
A) MOD(20,4)＝MOD(20,5)　　　　B) "张" $ "张三"
C) "张三" $ "张"　　　　　　　　　D) {^2003.01.01} ＜ {^2003.01.02}

10. 下列表达式中,结果一定为. T. 的是（　　）。
A) ［男］$ 性别　　　　　　　　　　B) CTOD([03/21/03]) ＞ CTOD([03/12/03])
C) [2000] ＞ [3]　　　　　　　　　D) . NOT. . T.

11. 顺序执行以下命令之后,最后一条命令的输出结果是( )。

X＝[A]

Y＝X

A＝[长江黄河]

? X+&X－Y－&Y

A) 长江黄河   B) A 长江黄河 A 长江黄河

C) A 长江黄河 XA   D) A 长江黄河长江黄河

12. 顺序执行以下命令之后,最后一条命令的输出结果是( )。

SET EXACT OFF

X＝[A]

? IIF([A]＝X,X－[BCD],X+[BCD])

A) A   B) BCD   C) ABCD   D) A BCD

13. 下列命令用于显示 1965 年及其以前出生的职工记录,其中错误的是( )。

A) LIST FOR YEAR(出生日期)<＝1965

B) LIST FOR SUBSTR(DTOC(出生日期),7,2)<＝[65]

C) LIST FOR LEFT(DTOC(出生日期),7,2)<＝[65]

D) LIST FOR RIGHT(DTOC(出生日期),2)<＝[65]

14. Visual FoxPro 数据库文件是( )。

A) 存放用户数据的文件   B) 管理数据库对象的系统文件

C) 存放用户数据和系统数据的文件   D) 以上三种说法都对

15. 如果一个字段的宽度为 8,则此字段的类型不可能是( )。

A) 字符型   B) 数值型   C)日期型   D) 备注型

16. 某数据库表有字符型、数值型和逻辑型 3 个字段:字符型字段宽度为 8,数值型字段宽度为 6,小数位为 2。若数据库表中共有 100 条记录,则全部记录需要占据的存储字节数目是( )。

A) 1400   B) 1500   C) 1600   D) 1700

17. 学生.DBF 有学号(C,6)、姓名(C,8)、性别(C,2)、生日(D)四个字段,当前记录值是:"020101"、"张三"、"男"、02/10/84。执行下列命令:

SCATTER TO XS

? LEN (XS(2))

结果是( )。

A) 张三   B) 男   C) 4   D) 8

18. 在没有设置任何筛选条件的情况下,要显示当前表中职称是工程师的所有记录,应该使用命令( )。

A) list 职称 ＝[工程师]   B) list for 职称＝[工程师]

C) list while 职称 ＝[工程师]   D) list rest 职称 ＝[工程师]

19. 假定表文件 ABC.DBF 前 6 条记录均为男生记录,执行以下命令后,记录指针定位在( )。

USE ABC

GO 3

LOCATE   NEXT   3   FOR 性别 ＝"男"

A) 第 3 号记录上 B) 第 4 号记录上

C) 第 5 号记录上 D) 第 6 号记录上

20. 设表文件"学生.DBF"中有 10 条记录,执行如下两条命令:

USE   学生

INSERT   BLANK

其结果是在学生表文件的( )。

A) 第 1 条记录的位置插入了 1 个空白记录

B) 第 2 条记录的位置插入了 1 个空白记录

C) 文件尾插入了 1 个空白记录

D) 不确定位置插入了 1 个空白记录

21. 要为当前表所有职工增加 100 元工资,应该使用命令( )。

A) CHANGE   工资   WITH   工资＋100

B) REPLACE 工资   WITH   工资＋100

C) CHANGE   ALL   工资   WITH   工资＋100

D) REPLACE ALL   工资   WITH   工资＋100

22. 当前表有一个类型为 C 的字段 SNA ,现在要将内存变量 MM 的字符串的内容赋给当前记录的 SNA 字段,应该使用命令( )。

A) SNA ＝ MM B) REPLACE SNA WITH MM

C) STORE &MM TO SNA D) REPLACE SNA WITH &MM

23. 在以下各种说法中,正确的是( )。

A) DELETE 、ZAP 和 PACK 的功能各不相同

B) ZAP 和 PACK 的功能相同

C) DELETE ALL 和 ZAP 的功能相同

D) DELETE ALL 和 PACK 的功能相同

24. 在当前工作区已打开学生表,要求按男生在前,女生在后,同一性别的按年龄从小到大排序,生成新表 SS.DBF,应使用命令( )。

A) SORT TO SS ON 性别,出生日期 / D

B) INDEX TO SS ON 性别,出生日期

C) SORT TO SS ON 性别,出生日期

D) COPY TO SS ON 性别,出生日期 / D

25. 只清空当前表 HGZ.DBF 中奖金字段的全部值,应当使用命令( )。

A) MODIFY   STRUCTURE B) DELETE

C) REPLACE D) ZAP

二、多项选择题

26. 要为当前表中所有职工增加 50 元津贴,下列命令中错误的是( )。

A) CHANGE 津贴 WITH 津贴＋50

B) REPLACE 津贴 WITH 津贴＋50

C) CHANGE ALL 津贴 WITH 津贴＋50

D) REPLACE ALL 津贴 WITH 津贴＋50

27. 打开有 10 个记录的表文件后,要逻辑删除 2 号至 4 号记录,可执行的操作是(　　)。

A) 执行命令 DELETE　NEXT　3

B) 先执行命令　GOTO　2,再执行命令 DELETE　NEXT　3

C) 执行命令 DELETE　RECORD　2　TO　4

D) 执行命令　DELETE FOR RECNO( )＞＝2. AND. RECNO( )＜＝4

28. 下面 4 组命令,每组命令的执行结果一定相同的是(　　)。

A) DELETE 与 DELETE　RECORD　RECNO()

B) DELETE　ALL 与 DELETE　FOR　.T.

C) DELETE　FOR 职称＝"讲师"与 DELETE　WHILE　职称＝"讲师"

D) DELETE　与 DELETE　NEXT　1

29. Visual FoxPro 中,索引文件的扩展名可以为(　　)。

A) . DBC　　　　B) . CDX　　　　C) . DBF　　　　D) . IDX

30. 下面有关数据库表索引的描述,错误的是(　　)。

A) 使用索引并不能加快对数据库表的查询操作

B) 索引与数据库表的数据存储在一个文件中

C) 建立索引以后,原来的数据库表文件中记录的物理顺序不变

D) 创建索引是创建一个指向数据库表文件记录的指针构成的文件

三、判断题

31. 索引查询命令 seek 只能使记录指针指向表中满足条件的第一个记录。(　　)

32. 在建立参照完整性之前,必须首先清理数据库,即物理删除各数据库表中带有删除标记的记录。(　　)

33. 执行 Total 命令将生成一个新表,该表的记录个数总量小于当前表的记录个数。(　　)

34. 永久联系在数据库设计器中显示为表索引间的连接线。(　　)

35. Update 语句是 SQL 语言最重要的,也是使用最频繁的语句。(　　)

36. Visual FoxPro 的 SQL select 语句的连接格式可以实现多个表的连接。(　　)

37. 菜单设计器的主要功能有两个:一是为顶层表单设计下拉菜单,二是通过定制 Visual FoxPro 系统菜单建立应用程序的下拉式菜单。(　　)

38. 可以从本地表和存储在服务器上的表或远程数据源中创建视图,但不能从其他视图中创建视图。(　　)

39. 定义一个自定义函数必须建立一个独立的文件。(　　)

40. 用户从基类创建的子类属于用户定义类。用户定义类只能是子类,而不能是父类。(　　)

四、填空题

41. 用二维表表示的实体及实体之间联系的数据模型为_____。

42. 在连接运算中，_____连接是指去掉重复属性的等值连接。

43. 字段变量可以与内存变量同名，若没有指明是哪种形式的变量，系统默认的是_____。

44. 执行 SET EXACT OFF 命令后，命令"数据库"＝［数据］的执行结果是_____。

45. 命令 LEFT("123456789",LEN("计算机"))的结果是_____。

46. 设 D＝15＞16，命令 VARTYPE (D)的执行结果是_____。

47. 打开数据库设计器的命令是_____DATABASE。

48. 在 Visual FoxPro 中，设有人事档案表 RS. DBF，其中简历为备注型字段，则该字段的数据存放在_____文件中。

49. 与命令 display 的执行结果完全相同的另一个 list 命令应该是_____。

50. 使记录指针相对于当前记录向上移动 5 个记录，应该使用命令_____。

五、程序填空题

51. 下面程序的功能是对输入的正整数 M 和 K(M＞K)通过调用过程 SUB 计算并显示 S 的值，这里 S＝K！＋(K＋1)！＋…＋M！，请填空：

```
CLEAR
INPUT "输入 K 值:"  TO  K
INPUT " 输入 M 值:"  TO  M
①_____
FOR  R = K  TO  M
DO SUB②_____
S = S+A
ENDFOR
?" S 的值为:"，S
RETURN
③_____
PARAMETERS  P，N
P = 1
FOR L=1 TO N
P = P∗L
ENDFOR
RETURN
```

52. 选择适当的内容填充，使下面的程序段的功能与语句 Y＝IIF(X＝0,0,IIF(X＞0, 1,－1))等效。

```
IF ①_____
```

```
Y = 1
ELSE
IF X = 0
②_____
ELSE
③_____
ENDIF
ENDIF
```

六、程序分析题

53. 写出下列程序的运行结果：

```
CLEAR
P = 0
FOR N = 1  TO  49
IF   N>10
EXIT
ENDIF
IF   MOD (N, 2) = 0
P = P+N
ENDIF
ENDFOR
? "P=" , P
RETURN
```

执行上述程序,运行结果是:_____。

54. 设图书.DBF 表文件的内容如下:

记录号	编号	书名	出版单位	单价
1	113388	高等数学	清华大学出版社	24.00
2	445501	数据库导论	科学出版社	27.90
3	332211	计算机基础	高等教育出版社	23.00
4	665544	Visual FoxPro	电子工业出版社	28.60
5	456788	操作系统原理	电子工业出版社	25.00
6	456728	操作系统概论	高等教育出版社	21.00
7	375666	计算机网络	清华大学出版社	37.00
8	245682	计算机原理	高等教育出版社	25.00

阅读下列程序,写出程序的运行结果:

```
CLEAR
USE   图书
UPDATE 图书 SET 单价＝单价＋10   WHERE 出版单位="科学出版社"
SELECT   MAX(单价)   INTO   ARRAY   A   FROM   图书
```

　　? A(1)
　　SELECT 出版单位,AVG(单价)　AS 平均价 FROM 图书;
　　GROUP　BY 出版单位 INTO　CURSOR　TEMP
　　SELECT ＊ FROM　TEMP　ORDER　BY 平均价　DESC;
　　INTO　CURSOR　TEMP1
　　GO　BOTTOM
　　? 出版单位
　　CLOSE　DATABASE
执行上述程序,运行结果是:＿＿＿＿＿＿。

七、程序设计题

55. 在 C:\Ata\Temp\420202\1234567\Dit\GAE\Temp 下有"订货管理"数据库,数据库有一表"ORDER_DETAIL",结构为:订单号 C(6),器件名 C(16),单价 N(10,2)。请编写程序 PROG1.DBF,保存在 C:\Ata\Temp\420202\1234567\Dit\GAE\Temp,要求修改器件的单价,修改方法:器件名为 CPU 的单价下调 10%,声卡下调 10%,闪存下调 15%,显卡上浮 10%,内存上浮 15%。

八、操作题

56.(1) 请在 C:\Ata\Answer\420202\1234567\VFT 下打开数据库 CK3。
(2) 为表 zg 建立主索引,索引为 primarg Key ,索引表达式为"职工号"。
(3) 为表 CK 建立候选索引,索引名为 candi_Key ,索引表达式为"仓库号"。
57. 根据表 txl.dbf 和表 jsh.dbf 建立一个查询所有教师的职称、电话、奖金;要求查询去向是表,表名为 query1.dbf,并执行该查询。
58. 在考生目录下有数据库"CADB.DBC",其中有数据库表"ZXKC"和"ZX"。建立单价大于或等于 1000,按规格降序排列的本地视图"CAMELTST",该视图按顺序包括字段:产品编号、品名、进货日期、规格。

模拟试题二

一、单项选择题

1. 下面关于表单数据环境的叙述,错误的是( )。
A) 可以在数据环境中加入与表单操作有关的表
B) 数据环境是表单的容器
C) 可以在数据环境中建立表之间的联系
D) 表单运行时自动打开其数据环境中的表

2. 当用户用鼠标单击命令按钮将引发事件( )。
A) Click　　　　B) Load　　　　C) Init　　　　D) Error

3. 能够将表单的 Visible 属性设置为. T. ,并使表单成为活动对象的方法( )。
A) Hide　　　　B) Show　　　　C) Release　　　D) SetFocus

4. 下面关于对象的叙述错误的是( )。
A) 对象是客观世界的任何实体
B) 任何对象都有自己的属性和方法
C) 不同的对象具有相同的属性和方法
D) 属性是对象所具有的固有特征,方法是描述对象行为的过程

5. 下面关于过程调用的叙述中,正确的是( )。
A) 实参的个数与形参的个数必须相等
B) 当实参的数目多于形参的数目时,多余的实参被忽略
C) 当形参的数目多于实参的数目时,多余的形参取逻辑假.F.
D) 当实参的数目多于形参的数目时,多余的实参被忽略和当形参的数目多于实参的数目时,多余的形参取逻辑假.F. 都正确

6. 在 Visual FoxPro 中,关于视图的描述正确的是( )。
A) 视图是从一个或多个数据库表导出的虚拟表
B) 视图与数据库表相同,用来存储数据
C) 视图不能同数据库表进行连接操作
D) 在视图上不能进行更新操作

7. 查询设计器中包括的选项卡有( )。
A) 字段、条件、分组依据　　　　B) 字段、筛选、排序依据
C) 条件、分组依据、排序依据　　D) 条件、筛选、杂项

8. 以下关于空值(NULL)的叙述正确的是( )。
A) 空值等同于数值 0　　　　　　B) Visual FoxPro 不支持 NULL
C) 空值等同于空字符串　　　　　D) NULL 表示字段或变量还没有确定值

9. SQL 是哪几个英语单词的缩写( )。
A) Standard Query Language　　B) Structured Query Language

C) Select Query Language　　　　　　D) 以上三项都不是

10. 命令 SELECT 0 的功能是(　　)。

A) 选择尚未使用的最小编号的工作区为当前工作区

B) 选择尚未使用的最大编号的工作区为当前工作区

C) 选择当前工作区的区号加 1 的工作区为当前工作区

D) 随机选择一个工作区为当前工作区

11. 在 Visual FoxPro 中,可以跟随表的打开而自动打开的是(　　)。

A) 单索引文件　　　　　　　　　　B) 复合索引文件

C) 结构复合索引文件　　　　　　　D) 非结构复合索引文件

12. 结果为.T.的表达式是(　　)。

A) MOD(13,−2)=−1　　　　　　　B) MOD(13,−2)=1

C) NOT.T. AND.T.　　　　　　　D) [2　]+[1]= [2]+[1]

13. 连续执行以下命令之后最后一条命令的输出结果是(　　)。

　　S=[2005 年下半年计算机等级考试]

　　LEFT(S,6)+RIGHT(S,4)

A) 2005 年下半年等级考试　　　　　B) 2005 年下等级考试

C) 2005 年考试　　　　　　　　　D) 2005 年等级考试

14. 在 Visual FoxPro 中存储器图像的字段类型应该是(　　)。

A) 字符型　　　B) 通用型　　　C) 备注型　　　D) 双精度型

15. 若某一个扩展名为.DBF 的文件有 3 个备注型字段,则该文件对应的备注文件有(　　)。

A) 3 个　　　　　B) 1 个　　　　C) 4 个　　　　　D) 0 个

16. 使用 DLSPLAY 命令时,若范围短语为 ALL 或 REST,执行命令后,记录指针指为(　　)。

A) 首记录　　　B) 末记录　　　C) 首记录的前面　　D) 末记录的后面

17. 执行以下命令,先后显示了两个各包含 10 个记录的记录清单,这说明当前表达中(　　)。

　　USE　学生

　　LIST　NEXT　10　FOR 性别=[男]

　　LIST　　　WHILE　性别=[男]

A) 至少有 10 个记录,并且这头 10 个记录被显示了两遍

B) 至少有 19 个记录,并且头 19 个记录的性别字段值为"男"

C) 只有 20 个记录,并且有记录的性别字段值都为"男"

D) 只有 19 个记录,并且头 19 个记录的性别字段值都为"男"

18. 设当前表中有 20 条记录,当前记录号 10,有以下各组命令,在没有打开索引的情况下,两条命令执行结果相同的是(　　)。

A) GO　RECNO( )+5 与 LIST　NEXT　5

B) GO　　RECNO( )+5 与 SKIP　5

C) SKIP　RECNO( )+5 与 GO　RECNO( )+5

D) GO 5 与 SKIP 5

19. 逻辑删除当前表中的全部记录,应该使用命令(　　)。

A) PACK　　　　　B) DELETE　　　　C) DELETE　ALL　　　　D) ZAP

20. 以下关于 BROWSE 命令的描述正确的是(　　)。

A) 只能浏览表文件,不能修改记录内容

B) 能浏览表文件,但不能增加或删除记录

C) 不仅能浏览表文件,还能修改表的结构

D) 能浏览表文件,同时也能增加或删除记录

21. 对表中的记录数据进行修改时,数据来源(　　)。

A) 只能通过键盘输入

B) 只能在命令中给出

C) 只能通过键盘输入或在命令中给出

D) 可以通过键盘输入,也可以在命令中给出或从其他表取得

22. 当前表的职工编号字段为(C,6),若要逻辑删除职工编号中第 3 位是"5"的职工记录,应该使用命令(　　)。

A) DELETE　FOR　SUBSTR(职工编号,3)==[5]

B) DELETE　FOR　SUBSTR(职工编号,3,1)==5

C) DELETE　FOR　SUBSTR(职工编号,3,1)==[5]

D) DELETE　FOR　AT(5,职工编号)=3

23. 在 Visual FoxPro 中,SEEK 和 LOCATE 命令都可以用于查找记录,但在使用上有所不同,下面表述正确的是(　　)。

A) SEEK 命令可以一次查找到全部记录,LOCATE 命令只能找到一条记录

B) SEEK 命令只能查找字符串,LOCATE 命令可以查找任何类型字段

C) SEEK 命令需要打开相应索引文件才能使用,LOCATE 命令不需要索引文件

D) SEEK 命令可以和 COUTINUE 命令联合使用,而 LOCATE 命令不可以

24. 在 Visual FoxPro 中,可以保证实体完整的索引是(　　)。

A) 主索引或候选索引　　　　　　B) 候选索引或普通索引

C) 主索引或唯一索引　　　　　　D) 主索引或普通索引

25. 在下面命令中,使"性别"字段值不为空,执行效果一定相同的是(　　)。

(1) SUM 基本工资　FOR 性别=[男]　(2) SUM 基本工资　WHILE 性别=[男]

(3) SUM 基本工资　FOR！性别=[女]　(4) SUM 基本工资　WHILE 性别<>[女]

A) (1)和(4)、(2)和(3)　　　　　　B) (1)和(3)、(2)和(4)

C) (1)和(2)、(3)和(4)　　　　　　D) 四条命令执行结果相同

二、多项选择题

26. 项目管理器的"数据"选项卡用于显示和管理(　　)。

A) 数据库　　　　B) 自由表　　　　　C) 查询　　　　　D) 视图

27. 如果内存变量与字段变量的变量名均为"工资",则访问内存变量"工资"的正确方法是(　　)。

A) M.工资　　　B) & 工资　　　　C) M->工资　　D) 工资

28. 用 DIMENSION　X(1,2)定义了一个数组 X,能使该数组的所有元素均为 10 的命令是(　　)。

A) A(1,2)=10　B) STORE 10 TO X

C) X=10　　　　D) STORE 10 TO X(1,2),X(1,2)

29. 以下的四组函数中,函数值相同的是(　　)。

A) LEFT("Visual FoxPro",6)与 SUBSTR("Visual FoxPro",1,6)

B) YEAR(DATE( ))与 VAL(DTOC(DATE( ),1))

C) VARTYPE("25−3*4")与 VARTYPE(25−3*4)

D) INT(−123.456)与 ROUND(−123.456,0)

30. 以下四个命令中,能够显示四位数年份的命令是(　　)。

A) YEAR(DATE( ))

B) SUBSTR(DTOC(DATE( ),1),1,4)

C) LEFT(DTOC(DATE( )),4)

D) LEFT(DTOC(DATE( ),1),4)

三、判断题

31. Visual FoxPro 6.0 是一个 64 位的数据库管理系统。(　　)

32. 数据模型是数据库管理系统中用来表示实体及实体间联系的方法。(　　)

33. 设有关系 R1 和关系 R2,经过关系运算得到结果 S,则 S 是一个表单。(　　)

34. 用 STORE 命令可以给内存变量和字段变量重新赋值。(　　)

35. 设 A="111",B="222",表达式 NOT (A==B) OR (A$B)的值为.F.。(　　)

36. 函数 SQRT(3)的值与表达式 3**(1/2)的值相同。(　　)

37. 若职工档案表 RS.DBF 中含有出生日期(D 型)字段,使用命令 LIST FOR YEAR(出生日期)−YEAR(DATE( ))<40 可以显示所有年龄小于 40 的职工记录。(　　)

38. 若当前记录号为 1,则函数 BOF( )的值可能为.T.,也可能为.F.。(　　)

39. 要修改表文件 XSH.DBF 的表结构,需要执行 USE XSH 和 MODIFY STRUCTURE 两条命令。(　　)

40. 命令 DISPLAY FOR RECORD( )=3 不能显示当前表的第 3 条记录。(　　)

四、填空题

41. 设 M=47.6554,函数 ROUND(INT(M)+M,2)的值是＿＿＿＿＿＿。

42. 在已打开有表文件中当前记录为第 8 号记录,现在要求仅用一条命令显示第 12 号记录的内容,应使用的命令是＿＿＿＿＿＿。

43. 与 CHANGE 命令功能相同的命令是＿＿＿＿＿＿＿。

44. ZAP 命令可以删除当前表中的全部记录,但仍保留表＿＿＿＿＿＿。

45. 执行 SET INDEX TO〈索引文件名表〉命令可以打开单索引文件(.IDX)或＿＿＿＿文件。

46. Visual FoxPro 的主索引或候选索引可以保证数据的＿＿＿＿＿＿完整性。

47. 在 Visual FoxPro 中,要设置参照完整性规则,必须事先建立表之间的_____。

48. SEEK 命令可以进行快速定位,使用该命令的前提条件是打开表文件及相关的_____。

49. 设 JOIN 命令连接的两个表中分别有 4 条记录与 5 条记录,连接的条件为 FOR . T. ,则生成的新表中应该有_____条记录。

50. 设有"教师"表和"学院"表,求"会计"学院的所有职工的平均工资的 SQL 语句是:SELECT AVG(工资) FROM 教师 WHERE 学院号 IN(SELECT 学院号码 FROM _____WHERE　学院名="会计")

五、程序填空题

51. 下面程序的功能是输入自然数 N,调用自定义函数 P,计算:
$$S=1*1+(1*1+2*2)+\cdots+(1*1+2*2+\cdots+N*N),$$
请在程序中填空,使其完整且正确。

```
SET TALK OFF
CLEAR
S=0
INPUT "请输入自然数:"  TO N
S=S+①_____
?"S=",S
SET TALK ON
FUNCTION P
②_____
SS=0
FOR K=1 TO X
SS=SS+K*K
ENDFOR
③_____
CANCEL
ENDFUNC
```

52. 过程 P1 的功能是计算 X 的平方,下面程序的功能是调用过程 P1 来计算 1,2,…,9 的平方,请在程序中填空,使其完整且正确。

```
CLEAR
K=1
DO WHILE ①_____
②_____
? M
K=K+1
ENDDO
RETURN
```

```
PROCDURE P1
PARAMETERS X
③_____M=X＊X
RETURN
```

六、程序分析题

53. 写出下列程序的运行结果：

```
SET TALK   OFF
K=1
A1=10
A2=A1+5
A3=A1-5
A4=A1+A2
S=100
DO WHILE K<5
STORE "A"+STR(K,1)  TO  M
S=S+2＊&M
K=K+2
ENDDO
? S
RETURN
```

执行上述程序,运行结果是:_____。

54. 设表文件 XSK. DBF 的内容如下:

记录号	学号	姓名	性别	出生日期	四级通过否	奖学金
1	20020101	李小飞	男	07/08/82	. T.	400.00
2	20020201	王美英	女	05/01/83	. T.	500.00
3	20020102	张欣	女	09/20/83	. F.	200.00
4	20020303	王小平	男	08/06/84	. T.	500.00
5	20020204	赵丽娟	女	08/02/81	. F.	300.00
6	20020301	高军	男	10/25/83	. T.	600.00

阅读下列程序,写出程序的运行结果:

```
SET TALK OFF
CLEAR
USE XSK
COPY TO CK1 FOR 出生日期>CTOD("01/01/84")
USE CK1
APPEND FROM XSK FOR 学号<"19980200"
```

```
        GO BOTTOM
        RECNO( ),学号,姓名
        USE
        SET TALK ON
        RETURN
```

执行上述程序,运行结果是:＿＿＿＿＿＿＿。

七、程序设计题

55. 已有计算机等级考试数据库表 DJKS.DBF,字段包括考号(类型 N,宽度 5)、姓名(类型 C,宽度 6)、笔试成绩(类型 N,宽度 3)、上机成绩(类型 N,宽度 3)和平均成绩(类型 N,宽度 4),但各成绩字段为空;另有成绩数据库 CJ.DBF,字段包括考号(类型 C,宽度 5)、考场编号(类型 C,宽度 3)、笔试成绩(类型 N,宽度 3)和上机成绩(类型 N,宽度 3),考生的考试成绩已录入其中。请编写程序 PROGB.PRG,保存在 C:\Ata\Temp\420202\1234567\Dit\GAE\Temp,要求把考生的考试成绩填写到数据库表 DJKS.DBF 中,然后再计算笔试和上机成绩的平均成绩,填入各记录"平均成绩"字段中、最后生成一个与 DJSK.DBF 结构完全相同的不及格数据库 BJG.DBF,把平均成绩不及格的考生记录复制到不及格库。注意:按多工作区,用 DO WHILE … ENDDO 循环结构完成,不得使用 APPEND FROM 命令。

八、操作题

56. (1) 在"C:\Ata\Temp\420202\1234567\VFT"下建立项目 SALES_M.PJX。

(2) 把"C:\Ata\Temp\420202\1234567\VFT"中的数据库 CUST_M 加入 SALES_M 项目中。

(3) 为 CUST_M 数据库中 CUST 表增加字段:联系电话 C(12),字段值允许"空"。

(4) CUST_M 数据库中 ORDER1 表"送货方式"字段设计默认值为"铁路"。

57. 在 C:\Ata\Temp\420202\1234567\VFT 文件夹,对"雇员管理"数据库完成如下操作:建立一个名称为 VIEW1 的视图,查询每个雇员的部门号、部门名、雇员号、姓名、性别、年龄和 EMAIL。

58. 建立一个名称为 MENU1 的菜单,菜单栏有"文件"和"浏览"两个菜单。"文件"菜单下有"打开"、"退出"两个子菜单;"浏览"菜单下有"部门浏览"和"雇员浏览"两个子菜单。

模拟试题三

一、单项选择题

1. 下面关于运行应用程序的说法,正确的是( )。
A) APP 应用程序可以在 Visual FoxPro 和 Windows 环境下运行
B) EXE 应用程序只能在 Windows 环境下运行
C) EXE 应用程序可以在 Visual FoxPro 和 Windows 环境下运行
D) APP 应用程序只能在 Windows 环境下运行

2. 调用报表格式文件 pp1 预览报表的命令是( )。
A) REPORT FROM PP1 PREVIEW　　B) DO FROM PP1 PREVIEW
C) REPORT FORM PP1 PREVIEW　　D) DO FORM PP1 PREVIEW

3. 报表的数据源可以是( )。
A) 自由表或其他报表　　　　　　B) 数据库表、自由表或视图
C) 数据库表、自由表或查询　　　　D) 表、查询或视图

4. 确定列表框内的某个条目是否被选定应使用的属性是( )。
A) Value　　　B) ColumnCount　　　C) ListCount　　　D) Selected

5. 在 Visual FoxPro 中,为了将表单从内存中释放(清除),可将表单中退出命令按钮的 Click 事件代码设置为( )。
A) Thisform. Refresh　　　　　　B) Thisform. Delete
C) Thisform. Hide　　　　　　　D) Thisform. release

6. 在 Visual FoxPro 中,控件分为( )。
A) 容器类和控件类　　　　　　　B) 控件类和基类
C) 容器类和基类　　　　　　　　D) 控件类的基础类

7. 在 Visual FoxPro 中,扩展名为. DBC 的文件是( )。
A) 数据库表文件　　　　　　　　B) 表单文件
C) 项目文件　　　　　　　　　　D) 数据库文件

8. 在下面 Visual FoxPro 表达式中,运算结果为字符串的是( )。
A) [125]－[100]　　　　　　　　B) [ABC]+[XYZ]=[ABCXYZ]
C) CTOD([07/01/03])　　　　　　D) DTOC(DATE())>[07/05/03]

9. 下列表达式结果为. T. 的是( )。
A) [湖北]=[湖北　]　　　　　　B) [中国]<=[北京]
C) "计算机" $ "计算机考试"　　　 D) 2 * 3.14<=11/2

10. 要判断数值型变量 M 是否能被 3 整除,下面 4 个表达式中,错误的是( )。
A) INT(M/3)=M/3　　　　　　　B) MOD(M,3)=0
C) 0=MOD(M,3)　　　　　　　　D) INT(M/3)=MOD(M,3)

11. 顺序执行下面命令后,屏幕显示的输出结果是( )。

TITLE=[FoxPro]

? LOWER(RIGHT(TITLE,3))

A) foxpro 　　　　　B) Pro 　　　　　C) fox 　　　　　D) pro

12. 如果 X=99,Y=[A],A=[telephone],则 LEN(STR(X,2)+&Y)的值是( )。

A) 19 　　　　　B) 11 　　　　　C) 5 　　　　　D) 4

13. 学生表的性别字段为逻辑型,男为.T.,女为.F.,顺序执行以下命令,最后一条命令显示的是( )。

USE　学生

APPEND BLANK

REPLACE 姓名 WITH [王丽],性别 WITH .F.

? IIF(性别,[男],[女])

A) 男 　　　　　B) 女 　　　　　C) .T. 　　　　　D) .F.

14. 执行下述命令后,使函数 EOF( )的值一定为.T. 的命令是( )。

A) REPLACE 基本工资 WITH 基本工资+300

B) DISPLAY FOR 基本工资>1000

C) LIST WHILE 基本工资>1000

D) LIST NEXT 10 FOR 基本工资>1000

15. 在以下四组中,每组有两个分别运算的函数或表达式,运算结果相同的是( )。

A) LEFT([FoxPro],3)与 SUBSTR([FoxPro],1,3)

B) YEAR(DATE( ))与 SUBSTR(DTOC(DATE( )),7,2)

C) VARTYPE([36−4*5])与 VARTYPE(36−4*5)

D) 假定 X=[this],Y=[is a string],X+Y 与 X−Y

16. 在 Visual FoxPro 中,创建一个名为 SDB. DBC 的数据库文件,使用的命令是( )。

A) CREATE 　　　　　　　　　　B) CREATE 　　　SDB

C) CREATE 　　TABLE SDB 　　　D) CREATE 　DATABASE SDB

17. 在 Visual FoxPro 中,表结构中的逻辑型、通用型、日期型字段的宽度由系统自动给出,它们分别为( )。

A) 1,10,8 　　　　B) 2,8,8 　　　C) 1,4,8 　　　D) 4,4,8

18. 现要从 SC 表中查找缺少学习成绩(G)的学生学号(S#)和课程号(C#),正确的 SQL 是( )。

A) SELECT 　S#,C# 　FROM 　SC 　WHERE 　G=0

B) SELECT 　S#,C# 　FROM 　SC 　WHERE 　G<=0

C) SELECT 　S#,C# 　FROM 　SC 　WHERE 　G=NULL

D) SELECT 　S#,C# 　FROM 　SC 　WHERE 　G IS NULL

19. 某数据库有如下表:STOCK(股票代码,股票名称,单价,交易所),求每个交易所的平均单价的 SQL 命令是( )。

A) SELECT 交易所,VG(单价) 　FROM 　STOCK GROUP BY 单价

B) SELECT 交易所,AVG(单价) 　FROM 　STOCK ORDER BY 单价

C) SELECT 交易所,AVG(单价) 　FROM 　STOCK ORDER BY 交易所

D) SELECT 交易所,AVG(单价) FROM 　STOCK GROUP BY 交易所

20. 若用如下的 SQL 语句创建了一个 STUDENT 表:

　　CREATE TABLE STUDENT(SNO C(4) PRIMARY KEY NOT NULL,;

　　NAME C(8)　NOT NULL,;

　　SEX C(2),;

　　AGE N(2))

下列的 SQL 语句中可以正确执行的是(　　)。

A) INSERT INTO STUDENT VALUES("1031","王小平","男",23)

B) INSERT INTO STUDENT VALUES("1031",. NULL. ,"男",23)

C) INSERT INTO STUDENT VALUES("1031","王小平",. NULL. ,. NULL.)

D) INSERT INTO STUDENT VALUES(. NULL. ,"王小平","男",23)

21. 在 SQL 中,删除表的命令是(　　)。

A) ERASE TABLE 　　　　　　　B) DELETE TABLE

C) DROP TABLE 　　　　　　　　D) DELETE DBF

22. 下列四组操作,每组有两个分别执行的命令,执行结果相同的是(　　)。

A) 执行 STORE SPACE(10) TO XX 之后,再执行 LEN(XX＋SPACE(5)) 和
　　LEN(XX−SPACE(5))

B) 打开职工表文件后,执行 COUNT FOR 性别=[女] 和 RECCOUNT()

C) 执行 STORE [20] TO N 之后,再执行 M=100+&N 和 M=[100]+N

D) 打开职工表文件后,执行 DELETE 和 DELETE()

23. 用"□"表示空格,连续执行以下命令之后,最后一条命令的输出结果是(　　)。

　　X=[ABC□□]

　　Y=[XYZ]+X

　　Z=TRIM(Y)−[LMN]

　　? LEN(Z)

A) XYZABCLMN 　　　　　　　　B) XYZABCLMN□□

C) 11 　　　　　　　　　　　　　D) 9

24. 在下面 Visual FoxPro 四个关于日期或日期时间的表达式中,错误的是(　　)。

A) {^2003. 09. 01 11:10:10 AM}−{^2002. 09. 01 11:10:10 AM}

B) {^2003/02/02}＋15

C) {^2003. 03. 01}＋{^2001. 03. 01}

D) {^2002/03/01}−{^2003/03/02}

25. 在 Visual FoxPro 中,COPY TO ABC FOR ... 命令相当于完成的关系运算是(　　)。

A) 连接 　　　　B) 投影 　　　　C) 选择 　　　　D) 拷贝

二、多项选择题

26. 如果一个班只能有一个班长,而且一个班长不能同时担任其他班的班长,班级和班长两个实体之间的联系不属于(　　)。

　　A) 一对一联系 　　　　　　　　B) 一对二联系

　　C) 多对多联系 　　　　　　　　D) 一对多联系

27. 在下列四个选项中,属于基本关系运算的是(　　)。

A) 比较　　　　B) 连接　　　　C) 选择　　　　D) 投影

28. 在 Visual FoxPro 中,下列选项中是常量的是(　　)。

A) ABC　　　　B) 1.4E+2　　C) "ABC"　　　D) 11/10/2002

29. 下列四个表达式中,正确的表达式是(　　)。

A) DATE()+CTOD("11/20/99")　　　B) DATE()+20

C) DATE()−CTOD("11/20/99")　　　D) DATE()−20

30. 如果内存变量 C 存放的字符为"A"或"a"时,下列表达式的值为. F. 的是(　　)。

A) C<>"A".OR. C<>" a"　　　　　B) C<>"A" AND C<>" a"

C) NOT(C="A" OR C="a")　　　　D) NOT(C="A" AND C="a")

三、判断题

31. 相继执行以下两条命令:M=[10+20] 和? M,屏幕上显示的输出结果是 30。(　　)

32. 表达式"职称>=[副教授]"符合职称为"副教授"或"教授"这个要求。(　　)

33. 若 X=.NULL. ,执行 IS NULL(X)命令后,屏幕显示结果为.T.。(　　)

34. 打开数据库时,其中的数据库表会自动打开。(　　)

35. 使用 BROWSE 命令可以对当前表中的记录进行预览、修改、删除、追加及插入操作。(　　)

36. 在没有打开表索引的情况下,则执行 SKIP RECNO( )+3 命令相当于执行 GO RECNO( )+3 命令。(　　)

37. 利用菜单设计器设计菜单时,各菜单项及其功能必须由用户自己定义。(　　)

38. 执行 SORT 命令时,先对当前表中的记录按指定的关键字进行排序,然后将按排序后的全部记录重新存入原文件中。(　　)

39. 对自由表 XS. DBF 建立索引后,XS. DBF 中的数据全部按索引顺序存入索引文件中。(　　)

40. 在 Visual FoxPro 中,建立数据库表时,将年龄字段值限制在 18～60 岁之间的这种约束属于参照完整性约束。(　　)

四、填空题

41. 在关系数据库的基本操作中,把两个关系中相同属性的元组连接到一起形成新的二维表的操作称为_____。

42. 在 Visual FoxPro 中,扩展名为. PJX 的文件是_____文件。

43. 设 A="45.678",且表达式 STR(&A,2)+"12&A"的值是_____。

44. 表达式 ROUND(15. 8,−1)<INT(15. 81)的值是_____。

45. 函数 LEN(SPACE(3)−SPACE(2))的值是_____。

46. 如果某个表中有 2 个备注型字段和 1 个通用型字段及其他类型的字段,则该表的备注文件有_____个。

47. 使用 USE 命令打开表时,USE 命令中的 ALIAS 子句(短语)的作用是为打开的表指定_____。

48. 执行以下程序序列之后,最后一条命令的显示结果是_____。

    USE RS

    STORE RECNO( )＝3 TO M

    ? M

49. 要在当前表的第 5 条记录与第 6 条记录之间插入一条非空的记录,可以使用 GO 6 和_____两条命令。

50. 在 DO WHILE … ENDDO 循环结构中,若要终止循环,将控制转移到本循环结构 ENDDO 后面的第一条语句继续运行,应执行_____命令。

五、程序填空题

51. 程序的功能是:从键盘输入一个十进制正整数 N,将 N 转换成相应的十六进制整数表示形式,请完善该程序:

    CLEAR

    INPUT "输入一个正整数" TO　N

    S＝N

    Y＝"0123456789ABCDEF"

    X＝""

    DO WHILE ①_____

    B＝INT(N/16)

    A＝N－B＊16

    X＝②_____

    N＝③_____

    ENDDO

    ? S,"—＞",X,"H"

    RETURN

52. 某级数前两项 A1＝1,A2＝1,以后各项具有关系 AN＝A(N－2)＋2A(N－1),下面程序的功能是:对于由键盘输入的正整数 M(M＞5)求出对应的 N 值,使其满足 SN＜M＜＝S(N－1),这里 SN＝A1＋…＋AN。请填空:

    CLEAK

    INPUT　［输入一个正整数:］　TO　　M

    STORE　1　TO　A1,A2

    STORE　2　TO N, S

    DO WHILE . T.

    A＝A1＋2＊A2

    S＝S＋A

    N＝N＋1

    ①_____

    ②_____

```
IF S>=M
EXIT
ENDIF
ENDDO
? [N 的值为:], ③_____
```

六、程序分析题

53. 写出下列程序的运行结果:

```
SET TALK OFF
STORE 0 TO S,T,P
FOR K=1 TO 10
DO CASE
CASE INT(K/2)=K/2
T=T+K
CASE INT(K/5)=K/5
S=S+K
OTHERWISE
P=P+K
ENDCASE
ENDFOR
? S,T,P
```

执行上述程序,运行结果是:_____。

54. 写出下列程序的运行结果:

```
SET TALK OFF
T=0
FOR K=−5 TO 5
IF ABS(K)<=3
FOR M=1 TO ABS(K)
T=T+1
ENDFOR
ENDIF
ENDFOR
?"T="+STR(T,3)
SET TALK ON
```

执行上述程序,运行结果是:_____。

七、程序设计题

55. 请编程 PROG1.PRG,保存到 C:\Ata\TEMP\420202\1234567\DIT\SED-

NO100001234\1 下。求 S＝1！＋2！＋…＋20！。

八、操作题

56. 根据表"C：\Ata\Answer\420202\1234567\VFP\Order1"和表"C：\Ata\Answer\420202\1234567\VFP\Cust"建立一个查询"C：\Ata\Answer\420202\1234567\VFP\QUERY1"，查询出公司所在地是"北京"的所有公司的名称、订单日期、送货方式，要求查询去向是表，表名是"C：\Ata\Answer\420202\1234567\VFP\ QUERY1. DBF"，并执行该查询。

57. 在"C：\Ata\Answer\420202\1234567\VFP\"中建立表单"my_form"，表单有两个命令按钮，按钮的名称分别是"CmdYes"和"CmdNo"，标题分别为"登录"和"退出"。

58. 在"C：\Ata\Answer\420202\1234567\VFP\"中有一个学生数据库"STU"，使用菜单设计器制作一个名为"C：\Ata\Answer\420202\1234567\VFP\STMENU"的菜单，菜单包括"查询操作"和"文件"两个菜单栏。每个菜单栏都包括一个子菜单。菜单结构如下：

　　查询操作
　　查询
　　文件 保存

模拟试题四

一、单项选择题

1. 在 Visual FoxPro 中,使用菜单设计器定义菜单,最后生成的菜单程序的扩展名是( )。

A).MNX   B).PRG   C).MPR   D).SPR

2. 若要创建一个数据 3 级分组报表,第一个分组表达式是"部门",第二个分组表达式是"性别",第三个分组表达式是"基本工资"。已知"部门"与"性别"为字符型,"基本工资"为数值型,则当前索引的索引表达式应当是( )。

A) 部门＋性别＋基本工资   B) 部门＋性别＋STR(基本工资)

C) STR(基本工资)＋性别＋部门   D) 性别＋部门＋STR(基本工资)

3. 下列对编辑框控件属性的描述,正确的是( )。

A) Sellength 的属性的设置可以小于 0

B) 当 ScrollBars 的属性值为 0 时,编辑框内包含水平滚动条

C) SelText 属性在做界面设计时不可用,在运行时可读写

D) ReadOnly 属性值为 .T. 时,用户不能使用编辑框上的滚动条

4. 储蓄所有多个储户,储户在多个储蓄所存取款,储蓄所与储户之间是( )。

A) 一对一的联系   B) 一对多的联系

C) 多对一的联系   D) 多对多的联系

5. 在 Visual FoxPro 中,下列数据中属于常量的是( )。

A) TOP   B) .Y.   C) T   D) 12/11/2003

6. 要清除所有变量名第二个字母为 X 的内存变量,应使用命令是( )。

A) RELEASE ALL ＊X   B) RELEASE ALL LIKE X

C) RELEASE ALL LIKE ?X＊   D) RELEASE ALL LIKE [X＊]

7. 顺序执行下列命令后,屏幕显示的输出结果是( )。

     STORE [FoxPro] TO TITLE

     ? UPPER(LEFT(TITLE,3))

A) FOXPRO   B) FOX   C) Fox   D) PRO

8. 如果测试函数 VARTYPE(W)的值是"U",则说明( )。

A) W 是数组   B) W 未定义   C) W 的值为 U   D) W 的值无符号

9. 一数据库名为学生,要想打开该数据库,应使用命令( )。

A) OPEN 学生   B) OPEN DATABASE 学生

C) USE DATABASE 学生   D) USE 学生

10. 某数值型字段的宽度为 5,小数位为 1,则该字段所能存放的最小数值是( )。

A) 0   B) －99.9   C) －999.9   D) －9999.9

11. 在操作过程中,可以进入人机交互工作方式的命令是( )。

A) APPEND BLANK   B) BROWSE

C) REPLACE   D) DELETE ALL

12. 在下列记录定位命令中,不能用 FOUND( )函数值检测其操作是否成功的命令是( )。

A) SEEK   B) FIND

C) LOCATE ... CONTINUE   D) SKIP

13. 在没有打开索引文件的情况下,若使用 APPEND 命令追加 1 条记录,其功能等同于命令序列( )。

A) GOTO EOF   B) GOTO BOTTOM

     INSERT   INSERT BEFORE

C) GOTO BOTTOM   D) GOTO BOTTOMINSERT

     INSERT AFTER

14. 当前表的出生日期字段为日期型(MM/DD/YY),年龄字段为数值型,现要根据出生日期按年计算年龄,并写入年龄字段,应使用命令( )。

A) REPLACE   ALL   年龄   WITH   YEAR (DATE( ))−YEAR(出生日期)

B) REPLACE   ALL   年龄   WITH   DATE( )−出生日期

C) REPLACE   ALL   年龄   WITH   DTOC(DATE( ))−DTOC(出生日期)

D) REPLACE   ALL   年龄   WITH   VAL(DTOC(DATE( )))−VAL(DTOC(出生日期))

15. 若所建立索引的字段值不允许重复,并且一个表只能创建一个,它应该是( )。

A) 主索引   B) 唯一索引   C) 候选索引   D) 普通索引

16. 在 Visual FoxPro 中建立数据库表时,将单价字段的字段有效性规则设置为"单价>0",通过该设置,能保证数据的( )。

A) 实体完整性   B) 参照完整性

C) 域完整性   D) 更新完整性

17. 以下关于 TOTAL 命令的表述中,正确的是( )。

A) 命令的执行结果不生成另一个新表

B) 所操作的表文件不必按关键字段索引或排序

C) 表中的关键字段必须是数值型字段

D) 只能对数值型字段进行汇总

18. 设在 1、2 号工作区分别打开两个表,内存变量 MN 的内容为两个表的公共字段名,内存变量 DBN 的内容为新表名,在 1 号工作区执行连接操作正确的是( )。

A) JOIN WITH B TO DBN FOR &MN=&MN

B) JOIN WITH B TO DBN FOR MN=B−>&MN

C) JOIN WITH B TO &DBN FOR &MN=B−>MN

D) JOIN WITH B TO &DBN FOR &MN=B−>&MN

19. 已知有如下表:S(S♯,SN,SEX,AGE,DEPT),各属性依次为学号、姓名、性别、年龄、系别,检索所有比"王华"年龄大的学生姓名、年龄和性别,正确的 SQL SELECT 命令是( )。

A) SELECT SN,AGE,SEX FROM S;

　　　　　WHERE AGE>(SELECT AGE FROM S WHERE SN="王华")

　　B) SELECT SN,AGE,SEX FROM S WHERE SN="王华"

　　C) SELECT SN,AGE,SEX FROM S;

　　　　　WHERE AGE>(SELECT AGE WHERE SN="王华")

　　D) SELECT SN,AGE,SEX FROM S WHERE AGE>王华　AGE

20. 使用 SQL 命令进行分组检索时,为了去掉不满足条件的分组,应当( )。

　　A) 使用 WHERE 子句

　　B) 先使用 WHERE 子句,再使用 HAVING 子句

　　C) 先使用 HAVING 子句,再使用 WHERE 子句

　　D) 在 GROUP　BY 后面使用 HAVING 子句

21. 已知有如下表:商品表(商品号,商品名称,单价,产地),执行下面的 SQL 命令后产生的视图含有的字段名是( )。

　　　　　CREATE VIEW E_SH AS SELECT 商品名称 AS 名称,单价 FROM 商品表

　　A) 商品名称　　　　　　　　　　　B) 名称,单价

　　C) 名称,单价,产地　　　　　　　　D) 商品名称,单价,产地

22. 在 Visual FoxPro 中,使用命令将学生表中的年龄字段的值增加 1,应该使用命令( )。

　　A) UPDATE 学生　年龄 WITH 年龄+1

　　B) REPLACE　ALL　年龄=年龄+1

　　C) UPDATE SET 年龄 WITH 年龄+1

　　D) UPDATE 学生　SET 年龄 =年龄+1

23. ACCEPT、INPUT 和 WAIT 命令中可以接收字符型数据的命令是( )。

　　A) INPUT　　　　　　　　　　　　B) ACCEPT

　　C) WAIT 和 ACCEPT　　　　　　　D) 以下三条命令都可以

24. SQL 修改表结构的命令是( )。

　　A) ALTER TABLE　　　　　　　　　B) MODIFY TABLE

　　C) ALTER STRUCTURE　　　　　　D) MODIFY STRUCTURE

25. 在 Visual FoxPro 中,学生表 STUDENT 中含有通用型字段,表中通用型字段中数据均存储到另一个文件中,该文件名为( )。

　　A) STUDENT. DOC　　　　　　　　B) STUDENT. MEM

　　C) STUDENT. DBT　　　　　　　　D) STUDENT. FPT

二、多项选择题

26. 在 Visual FoxPro 中,如果一个字段的宽度为 10,则此字段的类型不可能是( )。

　　A) 数值型　　　　B) 通用型　　　　C) 字符型　　　　D) 货币型

27. 设当前表中含有学号、姓名字段,下列四条命令执行后,肯定生成新表的命令是( )。

　　A) INDEX ON 姓名　TO RSR　　　B) COPY TO RSR

　　C) COPY STRU TO RSR　　　　　　D) SORT TO RSR ON 学号

28. 下列四条命令中,错误的是( )。

A) A=5,B=10　　　　　　　　B) A=B=10

C) STORE 10 TO A,B　　　　　D) STORE 5,10 TO A,B

29. 下面有关查询的描述,错误的是( )。

A) 可以使用 CREATE QUERY 命令打开查询设计器建立查询

B) 查询文件的扩展名为.QPR

C) 使用查询设计器可以生成所有的 SQL 查询语句

D) 使用 DO 语句执行时,可以不带扩展名

30. 执行命令 INPUT "请输入数据:"TO ABC 时,通过键盘输入的内容可以是( )。

A) 字符串　　　B) 数值　　　　C) 逻辑值　　　　D) 表达式

三、判断题

31. 求一个三位十进制正整数 N 的十位数字的表达式是 MOD(INT(N/10),10)。( )

32. 执行 M="11/15/02" 和 N=CTOD("&M") 命令后,变量 N 的类型是 D 型。( )

33. 在 Visual FoxPro 中,存储 MS EXCEL 电子表格的字段类型是备注型。( )

34. 设当前表中有 5 条记录,各记录性别字段的值依次是:男,女,男,女,女,当前记录号为 2,则执行命令 LIST REST FOR 性别=[男],将显示第三条记录。( )

35. 假设当前表有 5 条记录,先执行 GO TOP 和 SKIP 3 两条命令,再执行? RECNO( ) 命令,屏幕上显示的输出结果是 5。( )

36. 当前表中有 58 条记录,建立索引后按索引顺序最后一个记录的记录号是 8,执行命令 APPEND 追加一条记录,该记录的记录号是 9。( )

37. 执行 SQRT 命令与 INDEX 命令的结果都是对记录进行排序,没有本质上的区别。( )

38. 永久关系是数据库表之间的关系,永久关系建立后存储在数据库文件中。( )

39. 用 JOIN 命令连接两个表文件之前,这个表文件必须在不同的工作区中打开。( )

40. SQL 包括数据定义、数据查询、数据操作和数据控制等功能,其核心是查询。( )

四、填空题

41. 执行 SET EXACT ON 命令后,则命令:"你好吗?"=[你好]的显示结果为_____。

42. 职工的部门、职工号在"职工"表中,津贴在"工资"表中,两个表的公共字段是职工号,列出职工的部门、职工号和津贴等信息的 SQL 语句是:SELECT 职工.部门,职工.职工号,工资.津贴 FROM 职工,工资_____。

43. 在 SQL 的 CLEATE　TABLE 语句中,为属性说明取值范围(约束)的是_____短语。

44. 通过 Visual FoxPro 的视图不仅可以查询数据库表,还可以_____数据库表。

45. 在非格式输入命令中,INPUT 和_____命令需要按回车键表示输入的结束。

46. 采用〈文件名〉/〈过程名〉(〈实参 1〉,〈实参 2〉……)格式调用模块程序时,默认情况下以_____传递参数。

47. 典型的菜单系统一般是一个下拉式菜单,由一个_____和一组弹出式菜单组成。

48. 设 X＝40,函数 BETWEEN(X,34,50)的值是_____。

49. 在 SQL 命令中,按关键字段值的降序排序必须使用参数_____。

50. 某表有字符型、数值型、逻辑型和备注型 4 个字段。其中字符型宽度为 8,数值型字段宽度为 5,该表中记录的长度是_____字符。

五、程序填空题

51. 设表文件图书. DBF 包含如下字段:书名(字符型)、作者(字符型)、出版日期(日期型)。下面程序的功能是:列出图书表中的每个记录。请将程序完善。

```
CLEAR
①_____
DO WHILE . T.
IF EOF()
②_____
ENDIF
? 书名＋作者＋③_____
SKIP
ENDDO
USE
RETURN
```

52. 设教师. DBF 用于存放教师信息,其字段有:姓名(字符型)、性别(字符型)、工资(数值型)。下面程序的功能是:列出教师表中的每个记录。请将程序完善。

```
SET TALK OFF
CLEAR
USE 教师
①_____
DO WHILE . NOT. BOF()
? 姓名＋性别＋②_____(工资,7,2)
③_____
ENDDO
USE
SET TALK ON
RETURN
```

六、程序分析题

53. 写出下列程序的运行结果:

```
STORE 11 TO A
```

```
DO WHILE A<=16
DO CASE
CASE MOD(A,3)=0
??"3"
CASE INT(A/4)=A/4
??"4"
OTHERWISE
??"N"
A=A+1
ENDCASE A=A+1
ENDDO
RETURN
```

执行上述程序,运行结果是:＿＿＿＿＿＿。

54. 写出下列程序的运行结果:

```
STORE 2 TO A,B
Y=. T.
DO WHILE Y
FOR K=1 TO 10
B=B+1
IF B>4
EXIT
ELSE
LOOP
ENDIF
ENDFOR
IF B>3
Y=. F.
LOOP
ENDIF
A=A+1
ENDIF
ENDDO
? A,B,K
```

执行上述程序,运行结果是:＿＿＿＿＿＿。

七、程序设计题

55. 编程 prog1. prg ,保存在考生目录下,输出 101~1000 之间的所有素数,并且输出它们的和值,要求使用 for 循环语句编写。

八、操作题

56.（1）请在"C：\Ata\Answer\420202\1234567\VFT\"下建立一个数据库"KS"。

（2）将"C：\Ata\Answer\420202\1234567\VFT\"下的表"STUD"、"COUR"、"SCOR"加入到数据库"KS"中。

57. 在"C：\Ata\Answer\420202\1234567\VFT\"中有数据库"C：\Ata\Answer\420202\1234567\VFT\GCS",其中有数据库表"C：\Ata\Answer\420202\1234567\VFT\GONGCH"。在"C：\Ata\Answer\420202\1234567\VFT\"下设计一个表单,该表单为"C：\Ata\Answer\420202\1234567\VFT\GCS"库中"C：\Ata\Answer\420202\1234567\VFT\GONGCH"表窗口式输入界面,表单上还有一个名为"cmdCLOSE"的按钮,标题名为"关闭",点击该按钮,使用"thisform. release"退出表单。最后将表单存放在"C：\Ata\Answer\420202\1234567\VFT\",表单文件名是"C_FORM"。

提示：在设计表单时,打开"C：\Ata\Answer\420202\1234567\VFT\GCS"数据库设计器,将"C：\Ata\Answer\420202\1234567\VFT\GONGCH"表拖入到表单中就实现了"C：\Ata\Answer\420202\1234567\VFT\GONGCH"表的窗口式输入界面,不需要其他设置或修改。

58. 在"C：\Ata\Answer\420202\1234567\VFT\"中有一个学生数据库"STU",使用菜单设计器制作一个名为"C：\Ata\Answer\420202\1234567\VFT\STMENU. mnx"的菜单,菜单包括 "数据操作"和"文件"两上菜单栏。每个菜单栏都包括一个子菜单。菜单结构如下：

　　　　数据操作
　　　　数据输出
　　　　文件
　　　　保存
　　　　退出

其中："退出"菜单项对应的命令为"SET　SYSMENU　TO DEFAULT",使之可以返回到系统菜单。数据输出子菜单、保存菜单项不作要求。

模拟试题五

一、单项选择题

1. 数据库 DB、数据库系统 DBS、数据库管理系统 DBMS 三者之间的关系是(　　)。
A) DBS 包括 DB 和 DBMS　　　　B) DBMS 包括 DB 和 DBS
C) DB 包括 DBS 和 DBMS　　　　D) DBS 就是 DB,也就是 DBMS

2. 下面关于数据库系统的叙述正确的是(　　)。
A) 数据库中只存在数据项之间的联系
B) 数据库的数据项之间和记录之间都存在联系
C) 数据库的数据项之间无联系,记录之间存在联系
D) 数据库的数据项之间和记录之间都不存在联系

3. 数据库系统与文件系统的主要区别是(　　)。
A) 数据库系统复杂,而文件系统简单
B) 文件系统只能管理程序文件,而数据库系统能够管理各种类型的文件
C) 文件系统管理数据量较少,而数据库系统可以管理庞大的数据量
D) 文件系统不能解决数据冗余和数据独立性问题,而数据库系统可以解决

4. 数据库系统的核心是(　　)。
A) 数据库　　　B) 操作系统　　　C) 数据库管理系统　　　D) 文件

5. Visual FoxPro 是(　　)。
A) 操作系统的一部分　　　　　B) 操作系统支持下的系统软件
C) 一种编译程序　　　　　　　D) 一种操作系统

6. Visual FoxPro 支持的数据模型是(　　)。
A) 层次模型　　　　　　　　　B) 关系模型
C) 网状模型　　　　　　　　　D) 树状模型

7. 设有部门和职员两个实体,每个职员只能属于一个部门,一个部门可以有多个职员,则部门与职员之间的实体联系类型是(　　)。
A) 多对多联系　　　　　　　　B) 一对多联系
C) 一对二联系　　　　　　　　D) 一对一联系

8. 在下列四个选项中,不属于基本关系运算的是(　　)。
A) 连接　　　B) 投影　　　C) 选择　　　　D) 比较

9. 退出 Visual FoxPro 的基本方法(　　)。
A) 从"文件"下拉菜单中选择"退出"选项
B) 用鼠标左键单击 Visual FoxPro 6.0 标题栏最右边的关闭窗口按钮
C) 在命令窗口中键入 QUIT 命令,然后按回车键
D) 以上三种方法都可以

10. 下面关于工具栏的叙述不正确的是(　　)。

A) 可以创建用户自己和工具栏　　　B) 可以修改系统提供的工具栏

C) 可以删除用户创建的工具栏　　　D) 可以删除系统提供的工具栏

11. 显示与隐藏命令窗口的操作是( )。

A) 单击常用工具栏上的命令窗口按钮,按下则显示弹起则隐藏命令窗口

B) 通过"窗口"菜单下的"命令窗口"选项来切换

C) 直接按相应组合键 Ctrl+F2 与 Ctrl+F4

D) 以上三种方法都可以

12. 项目管理器的"文档"选项卡用于显示和管理( )。

A) 表单、报表和查询　　　　　　　B) 数据库、表单和报表

C) 表单、报表和标签　　　　　　　D) 查询、报表和视图

13. 在 Visual FoxPro 下属字符串表示方法中正确的是( )。

A) "计算机"软件"世界"　　　　　　B) {计算机"软件"世界}

C) [计算机"软件"世界]　　　　　　D) [计算机[软件]世界]

14. 执行命令 DIMENSION M(3),N(2,3)后,数组 M 和 N 的数组元素个数分别为( )。

　　A) 1,2　　　　　B) 3,6　　　　　C) 3,5　　　　　D) 4,12

15. 使用 DIMENSION　A(1,2)定义数组后,不能使数组 A 的所有数组元素均为 O 的命令是( )。

A) SIORE O TO A　　　　　　　　B) A=0

C) A(1,2)=0　　　　　　　　　　D) STORE O TO A(1,1),A(1,2)

16. SCATTER 命令的功能是( )。

A) 数据库复制　　　　　　　　　　B) 将表的当前记录复制到数组

C) 数组之间的复制　　　　　　　　D) 将数组数据复制到表的当前记录

17. 在下面 Visual FoxPro 表达式中,运算结果为数值的是( )。

A) [8888]-[666]　　　　　　　　　B) LEN(SPACE(5))-1

C) CTOD("04/05/99")-30　　　　　D) 800+200=1000

18. 顺序执行以下 3 个赋值命令:M="50",N=3*4,K=LEFT("Fox Pro",3)之后,下列表达式中,正确的表达式是( )。

　　A) M+N　　　　B) N+K　　　　C) M-K+N　　　D) &M+N

19. 在下面逻辑表达式中,无论 X 取逻辑型中的的哪一种数据,其值肯定为. F. 的是( )。

　　A) X. OR. X　　B) X. AND. X　　C) X. OR. NOT. X　　D) X. AND. NOT. X

20. 在 Visual FoxPro 中,MIN(ROUND(8.89,1),9)的值是( )。

　　A) 8　　　　　B) 8.9　　　　　C) 9　　　　　D) 8.8

21. 连续执行以下命令之后,最后一条命令的输出结果是( )。

　　S=[Happy Chinese New Year!]

　　T=[CHINESE]

　　? AT[T,S]

　　A) 0　　　　　B) 7　　　　　C) 14　　　　　D) 错误信息

22. 下列 Visual FoxPro 函数中函数值为字符型的是( )。

A) DATE( )　　B) TIME( )　　　C) YEAR( )　　D) DATETIME( )

23. 顺序执行以下命令之后,最后一条命令的输出结果是( )。

　　STORE CTOD([06/15/03])　TO　RQ

　　STORE　MONTH(RQ)TO DT

　　? DT

A) 06　　　　　　B) 03　　　　　　C) 15　　　　　　D) 6

24. 执行如下命令:

　　ANS=[STUDTENT.DBF]

　　MYFILE=SUBSTR(ANS,1,AT([.],ANS)-1)

　　? MYFILE

屏幕显示的输出结果是( )。

A) STUDENT.DBT　　　　　　　B) STUDENT

C) STUDENT.ANS　　　　　　　D) 11

25. 执行下列命令后,被打开的表是( )。

　　B="A"

　　C="B"

　　FNAME="STUD"+&C

　　USE　&FNAME

A) STUDC.DBF　　　　　　　　B) STUDA.DBF

C) STUDB.DBF　　　　　　　　D) STUD&C.DBF

二、多项选择题

26. 下列有关关系特点的叙述,正确的是( )。

A) 关系中的每个属性必须是不可分割的数据单元

B) 在同一个关系中允许出现相同的属性名

C) 在同一个关系中不能有完全相同的元组

D) 在同一个关系中,不能任意交换两行或两列的次序

27. 项目管理器的"文档"选项卡用于显示和管理( )。

A) 数据库　　B) 表单　　　C) 报表　　　D) 视图

28. 下面有关数组的叙述,正确的是( )。

A) 数组在使用之前,一般要用 DIMENSION 或 DECLARE 命令定义数组

B) 不能用一维数组的形式访问二维数组

C) 在 Visual FoxPro 中只能使用一维数组、二维数组和三维数组

D) Visual FoxPro 系统规定数组的下标的下限为 1

29. 要判断数值型变量 M 是否能被 5 整除,正确的条件表达式是( )。

A) INT(M/5)=M/5　　　　B) MOD(M,5)=0

C) INT(M/5)=MOD(M,5)　　D) 0=MOD(M,5)

30. 下列四组选项中,结果为.F. 的表达式是( )。

A) MOD(13,-2)=1　　　　B) MOD(13,-2)=-1

C) NOT . T . AND . T .　　　　　　D) [1　]+[2]=[1]+[2]

三、判断题

31. 6.73 是一个表达式。(   )

32. 若函数 RECNO( )的值为 1,则函数 EOF( )的值一定为. F.。(   )

33. 有备注型字段的表文件,当删除所对应的表备注文件后,该表文件仍可打开。(   )

34. 在当前表中,要将所有姓杨的人员情况显示出来,应使用命令 LIST FOR "杨" $ 姓名。(   )

35. 若 GO TOP 命令能正确地执行,则一定会将记录指针定位在物理记录号为 1 的记录上。(   )

36. 工资表中有 10 条记录,若按工资字段升序索引后,再执行 GO BOTTOM 命令,则当前记录号是工资最高的记录号。(   )

37. 在任何情况下,执行 LOCATE 命令后,函数 BOF( )的值将视查找情况而定。(   )

38. 若 SKIP 4 和 INSERT BLANK 命令能正确地执行,则总能实现插入一条空白记录并使其成为第五条记录。(   )

39. 执行命令 REPLACE ALL 工资 WITH 工资 * (1+10%) FOR 性别="女"后,可将当前表(工资表)中所有女职工的工资增加 10%。(   )

40. 命令 DELETE NEXT 1 与命令 DELETE RECORD RECNO( ) 的执行结果是相同的。(   )

四、填空题

41. 利用 CREATEOBJECT 函数可以生成表单对象,但更多的时候是利用＿＿＿＿＿来创建表单文件,并通过运行表单文件来生成表单对象。

42. 在表单对象释放时引发＿＿＿＿＿事件,是表单对象释放时最后一个要引发的事件。

43. 所谓运行表单就是根据表单文件用＿＿＿＿＿的内容产生表单对象。

44. 修改表单文件 T1. SCX 的命令是＿＿＿＿＿。

45. 在属性窗口中,有些属性的默认值在列表框中以斜体显示,其含义是这些属性在设计时是＿＿＿＿＿的。

46. 要想使一个选项组包含 5 个按钮,可将＿＿＿＿＿属性设置为 5。

47. 用户可以通过列表框的＿＿＿＿＿属性指定一个字段或变量来保存用户从列表框中选择的结果。

48. 典型的菜单系统一般是一个下拉式菜单,由一个＿＿＿＿＿和一组弹出式菜单组成。

49. 快捷菜单一般由一个或几个具有上下级关系的＿＿＿＿＿组成。

50. 报表主要包括两部分内容:数据源和＿＿＿＿＿。

五、程序填空题

51. 下面是判断一个自然数是否为质数(素数)的程序,请将程序填写完整:

```
CLEAR
INPUT  "请输入一个大于 1 的自然数:"  TO N
K=0   &&K 的值为 0 表示所输入的自然数是质数,为 1 表示不是质数
M=2
DO WHILE M<N
IF MOD(N,M)①_____
  ②_____
  LOOP
ELSE
  ③_____
  EXIT
ENDIF
ENDDO
IF K=0
? STR(N)+[是质数]
ELSE
? STR(N)+[不是质数]
ENDIF
```

52. 下面程序的功能是从键盘上输入 20 个数,找出其中最大数和最小数。请在程序中空缺处填上适当内容,使其完整且正确。

```
CLEAR
INPUT  "输入一个数:"  TO MA
MI=MA
FOR N=1 TO 19
INPUT "输入一个数:" TO X
IF X>MA
MA=X
ELSE
①_____
②_____
③_____
ENDIF
ENDFOR
? MA,MI
RETURN
```

六、程序分析题

53. 写出下列程序的运行结果：

```
DIMENSION A(5)
K=1
DO WHILE K<6 A(K)=2*K
K=K+1
ENDDO
STORE 2 TO K,S
DO WHILE K<5
A(K)=A(K+1)-A(K-1)
S=S+A(K)
K=K+1
ENDDO
? [S=],S
```

执行上述程序,运行结果是：＿＿＿＿＿＿＿＿＿＿。

54. 设表文件 XSK. DBF 的内容如下：

记录号	学号	姓名	性别	出生日期	四级通过否	奖学金
1	20020101	李小飞	男	07/08/82	.T.	400.00
2	20020201	王美英	女	05/01/83	.T.	500.00
3	20020102	张欣	女	09/20/83	.F.	200.00
4	20020303	王小平	男	08/06/84	.T.	500.00
5	20020204	赵丽娟	女	08/02/81	.F.	300.00
6	20020301	高军	男	10/25/83	.T.	600.00

阅读下列程序,写出程序的运行结果：

```
SET TALK OFF
CLEAR
DIMENSION A(2)
USE XSK
INDEX ON 姓名 TO IXM
GO 3
SKIP
SCATTER TO A
GO TOP
GATHER  FROM  A
? 姓名,性别
USE
```

　　　　SET TALK ON
　　　　RETURN
　　执行上述程序,运行结果是:＿＿＿＿＿＿＿。

七、程序设计题

55. 编程 prog1. prg ,保存在"C:\Ata\Answer\420202\1234567\Ait\GAE\1"下,求连续 N 个不是 7 的倍数的自然数之和,当和是 101 的倍数时显示最后的自然数和它们的和。

八、操作题

56. 建立一个菜单"my_menu",它包括两个菜单项"文件"和"帮助","文件"将激活子菜单,该子菜单包括"打开"、"另存为"和"关闭"三个菜单项,"关闭"子菜单项为执行命令:"SET SYSMENU TO DEFAULT",返回到系统菜单,其他菜单的功能不作要求。

57. 根据表"C:\Ata\Answer\420202\1234567\VFT\Txl. dbf"和表"C:\Ata\Answer\420202\1234567 \VFT\Jsh. dbf"建立一个查询"C:\Ata\Answer\420202\1234567\VFT\Query1. qpr",查询出姓名是"曾为"的教师的职称、电话、奖金,要求查询去向是表,表名为"C:\Ata\Answer\420202\1234567\VFT\Query1. dbf",并执行该查询。

58. 建立表单"enter1",保存到"C:\Ata\Answer\420202\1234567\VFT"下,表单中有两个命令按钮,按钮的名称分别为"cmdenter"和"cmdcancle",标题分别为"确定"和"取消"。

模拟试题六

一、单项选择题

1. 在当前表中查询,若无满足条件的记录,下列函数中,其值为. T. 的是( )。
A) BOF( )　　　B) FOUND( )　　　C) EOF( )　　　D) RECNO( )

2. 一数据库名为学生,要想打开该数据库,应使用命令( )。
A) OPEN 学生
B) OPEN DATABASE 学生
C) USE DATABASE 学生
D) USE 学生

3. 在下列的数据类型中,默认值为. F. 的是( )。
A) 数值型　　　B) 字符型　　　C) 逻辑型　　　D) 日期型

4. 在 Visual FoxPro 中,调用表设计器建立数据库表"学生. DBF"的命令是( )。
A) MODIFY STRUCTURE 学生　　　B) MODIFY COMMAND 学生
C) CREATE 学生　　　D) CREATE TABLE 学生

5. 下列操作中,不能用 MODIFY STRUCTURE 命令实现的是( )。
A) 为表增加字段　　　B) 删除表中的某些字段
C) 对表的字段名进行修改　　　D) 对记录数据进行修改

6. 在 Visual FoxPro 中,下面关于自由表的叙述正确的是( )。
A) 自由表和数据库表是完全相同的
B) 自由表不可以加入到数据库中
C) 自由表不能建立字段级规则和约束
D) 自由表不能建立候选索引

7. 执行命令 LIST NEXT 1 后,记录指针的位置指向( )。
A) 下一条记录　　B) 原来的记录　　C) 首记录　　　D) 尾记录

8. 下列命令中,能够进行条件定位的命令是( )。
A) SKIP　　　B) GO　　　C) LOCATE　　　D) SEEK

9. 不能向表文件增加记录的命令是( )。
A) BROWSE　　B) APPEND　　C) INSERT　　　D) REPLACE

10. 对表文件中的记录进行修改,不需要交互操作的命令是( )。
A) EDIT　　　B) CHANGE　　　C) REPLACE　　　D) BROWSE

11. 在 Visual FoxPro 中,建立索引的作用之一是( )。
A) 节省存储空间　　　B) 便于管理
C) 提高查询速度　　　D) 提高查询速度和更新速度

12. 在 VFP 中,两个表的主索引之间建立的联系是( )。
A) 一对一联系　　　B) 一对多联系

C) 一对一联系和一对多联系都可以　　　　D) 以上都不正确

13. 设职工表和按"工作日期"索引文件已经打开,要把记录指针定位到工作刚好满 90 天的职工,应当使用命令(　　)。

A) FIND DATE()－90　　　　　　　　B) SEEK DATE()＋90

C) FIND DATE()＋90　　　　　　　　D) SEEK DATE()－90

14. Visual FoxPro 参照完整性规则不包括(　　)。

A) 更新规则　　　B) 删除规则　　　C) 查询规则　　　D) 插入规则

15. 下列命令在不带任何子句(短语)时,可对当前表中所有记录操作的命令是(　　)。

A) DISPLAY　　　B) RECALL　　　C) DELETE　　　D) COUNT

16. 如果成功地执行了命令:H—>KCH,M—>KCH,则说明(　　)。

A) 两个 KCH 都是内存变量

B) 前一个 KCH 是内存变量,后一个 KCH 是字段变量

C) 两个 KCH 都是字段变量

D) 前一个 KCH 是字段变量,后一个 KCH 是内存变量

17. Visual FoxPro 中,使用 SET　RELATION 命令可以建立两个表之间的联系,这种联系是(　　)。

A) 永久联系　　　　　　　　　　　　B) 临时联系或永久联系

C) 临时联系　　　　　　　　　　　　D) 普通联系

18. Visual FoxPro 在 SQL 方面不支持(　　)。

A) 数据定义功能　　　　　　　　　　B) 数据查询功能

C) 数据操纵功能　　　　　　　　　　D) 数据控制功能

19. 在 SQL 查询时,用 WHERE 子句(短语)指出的是(　　)。

A) 查询目标　　　　　　　　　　　　B) 查询结果

C) 查询条件　　　　　　　　　　　　D) 查询视图

20. 某商场的销售数据库有:部门表(部门号,部门名称)和商品表(部门号,商品号,商品名称,单价,数量,产地)。下面 SQL 语句的查询结果是(　　)。

　　　　SELECT 部门表. 部门号,部门名称,SUM(单价 * 数量) FROM 部门表,商品表;

　　　　WHERE 部门表. 部门号＝商品表. 部门号　GROUP BY 部门表. 部门号

A) 各部门商品数量合计　　　　　　　B) 各部门商品金额合计

C) 所有商品金额合计　　　　　　　　D) 各部门商品金额平均值

21. 下面关于类的叙述,错误的是(　　)。

A) 类是对象的实例,而对象是类的集合

B) 一个类包含了相似的有关对象的特征和行为方法

C) 可以将类看作是一类对象的模板

D) 类可以派生出新类,新类称为现有类的子类,现有类被称为父类

22. 下在关于事件的叙述,错误的是(　　)。

A) 事件是一种由系统预选定义而由用户或系统发出的动作

B) 用户可以根据自己的需要定义新的事件

C) 事件作用于对象,对象识别事件并作出相应反应

D) 事件可由系统或用户引发

23. 在 Visual FoxPro 中,表单(Form)是指(　)。

A) 数据库中表的清单　　　　　　　　　B) 一个表中的记录清单

C) 数据库查询结果的列表　　　　　　　D) 窗口界面

24. 表单的 Caption 属性用于(　)。

A) 指定表单执行的程序　　　　　　　　B) 指定表单标题

C) 指定表单是否可见　　　　　　　　　D) 指定表单是否可用

25. 程序代码 ThisForm. Refresh 中的 Refresh 是表单对象的(　)。

A) 属性　　　　　B) 事件　　　　　C) 方法　　　　　D) 标题

二、多选题

26. 下列四个选项中,表达式的值不为"计算机网络"的是(　)。

A) "计算机　　"+"网络"　　　　　　　B) "计算机"+" 网络"

C) "计算机　　"-" 网络"　　　　　　　D) "计算机"+"网络"

27. 有如下赋值命令:M="50", N=3*4, K=LEFT("Foxpro",3),顺序执行上述命令后,下列表达式中,不合法(错误)的表达式是(　)。

A) M+N　　　B) N+K　　　C) M-N　　　D) &M+N

28. 在 Visual FoxPro 中,以下关于自由表的叙述,错误的是(　)。

A) 自由表全部是用以前版本的 FoxPro(或 FOXBASE)建立的

B) 自由表可以用 Visual FoxPro 建立,但是不能把它添加到数据库中

C) 自由表可以添加到数据库中,数据库表也可以从数据库中移出成为自由表

D) 自由表可以添加到数据库中,但数据库表不可以从数据库中移出成为自由表

29. 设当前表中年龄字段为 N 型,为显示年龄为 10 的整数倍的在职职工记录,下列命令中正确的是(　)。

A) LIST FOR MOD(年龄,10)=0

B) LIST FOR 年龄/10=INT(年龄/10)

C) LIST FOR SUBSTR(STR(年龄,2),2,1)= "0"

D) LIST FOR 年龄=20. OR. 30. OR. 40. OR. 50. OR. 60

30. 以下 4 组命令,在没有打开索引的情况下,每组两条命令执行后,记录定位结果不相同的是(　)。

A) SKIP RECNO( )+4　　　　　　　　　B) GO　RECNO( )+3

　　GO　RECNO( )+4　　　　　　　　　　LIST NEXT 4

C) LOCATE FOR RECNO()=4　　　　　D) GO RECNO( )+4

　　SKIP 4　　　　　　　　　　　　　　　SKIP 4

三、判断题

31. 在 Visual FoxPro 中,如果希望一个内存变量只限于在本过程中使用,说明这种内存变量的命令是 LOCAL。

32. 私有变量只能在定义它的程序模块中使用。(　)

33. 对象通过类来产生,对象是类的实例。(　　)

34. Visual FoxPro 基类的事件集合是固定的,不允许扩充。(　　)

35. 如果用户没有为对象的某事件编写任何程序代码,则该事件就不会被激活。(　　)

36. 单击表单中的一个命令按钮时,将同时引发命令按钮和表单的 CLICK 事件。(　　)

37. 当一个表单的 VISIBLE 属性值由.F.变成.T.时,表单成为可见的和活动的。(　　)

38. 由于表单集中的多个表单存储在不同的.SCX 文件中,因而这些表单不能共享同一个数据环境。(　　)

39. 表单及控件的属性的数据类型都是唯一的。(　　)

40. 复选框的 VALUE 属性值有 3 种,其中的一种(2 或.NULL.)表示不确定状态,即不可选状态。(　　)

四、填空题

41. 将结构复合索引文件中的"定单号"设置为主控索引,应该使用的命令是_____。

42. 若要删除结构复合索引文件中的索引标识"SPH",应该使用的命令是_____。

43. 有关的表及索引文件已经打开,用 SEEK 命令将记录指针指向姓"张"的记录后,若使记录指针指向下一个姓"张"的记录,应使用的命令是_____。

44. 设 RSK.DBF 中有 10 个记录,其中第 1、3、6 号记录的性别为"男",执行下列命令之后,再执行? RECNO()命令,显示的结果是_____。

    USE RSK
    INDEX ON 性别 TO XBI
    SEEK "男"
    SKIP 2

45. 在定义字段有效性规则时,在规则框中输入的表达式类型是_____。

46. 为了确保相关表之间数据的一致性,需要设置_____完整性。

47. 与命令 COUNT TO K 完全等价(即给变量 K 赋予同一值)的另一个赋值命令是_____。

48. 在 VFP 中,执行 TOTAL 命令之前,必须对表文件进行索引或_____。

49. 在 Visual FoxPro 中,最多同时允许打开_____个数据库表和自由表。

50. 当前工作区是指最后执行_____命令所选择的工作区。

五、程序填空题

51. 选择适当的内容填空,使下面程序段的功能与下列语句等效。
DELETE WHILE 性别＝"男" FOR 政治面目＝"群众"

```
DO   WHILE   .T.
IF   ①_____
EXIT ENDIF
IF ②_____
③_____
```

```
        ENDIF
        SKIP
    ENDDO
```

52. 设供应商.DBF 用于存放供应商信息,其字段有:姓名(字符型)、电话(字符型)、地址(字符型)。下面程序的功能是:查找所有姓李的电话号码中含有 123 的供应商的信息。请将程序填写完整。

```
    SET TALK OFF
    CLEAR
    ①_____
    DO WHILE  .NOT. EOF( )
    IF SUBSTR(姓名,1,2)="李" AND      ②_____
    ? 姓名+电话+地址
    ③_____
    SKIP
    ENDDO
    USE
    SET TALK ON
    RETURN
```

六、程序分析题

53. 写出下列程序的运行结果:

```
    CLEAR
    S=0
    M=-1
    K=1
    DO WHILE K<=5
    M=-M
    IF M>0
    S=S*K
    ELSE
    S=S+K
    ENDIF
    K=K+1
    ENDDO
    ? M,S
```

执行上述程序,运行结果是:_____。

54. 写出下列程序的运行结果:

```
    CLEAR
    STORE 0 TO K,S
```

```
DO WHILE k<20
IF MOD(K,4)=2
K=K+3
LOOP
ELSE
S=S+K
ENDIF
IF K>12
EXIT
ENDIF
K=K+3
ENDDO
? S
```

执行上述程序,运行结果是:＿＿＿＿＿＿＿。

七、程序设计题

55. 已知某数列 A1(注:1 为下标)＝1,A2(注:2 为下标)＝1,Ai(注:i 为下标)＝A(i－1)(注:i－1 为下标)＋A(i－2)(注:i－2 为下标)(i>=3),求 A30(注:30 为下标)的值,请用 FOR 循环语句编写程序 PROG1.PRG,保存在 C:\Ata\Temp\420202\1234567\Dit\GAE\1。

八、操作题

56. 在"C:\Ata\Answer\420202\1234567\VFT\"中建立表单"enterf",表单中有两个命令按钮,按钮的名称分别为"cmdin"和"cmdout",标题分别为"进入"和"退出"。

57. 在"C:\Ata\Answer\420202\1234567\VFT\",有一个数据库 CADB,其中有数据库表 ZXKC 和 ZX。表结构如下:

ZXKC(产品编号,品名,需求量,进货日期)

ZX(品名,规格,单价,数量)

在表单向导中选取一对多表单向导创建一个表单。要求:从父表 ZXKC 中选取字段产品编号和品名,从子表 ZX 中选取字段规格和单价,表单样式选取"阴影式",按钮类型使用"文本按钮",按产品编号长序排序,表单标题为"照相机",最后将表单存放在"C:\Ata\Answer\420202\1234567\VFT\"中,表单文件名是 form2.

58. 在"C:\Ata\Answer\420202\1234567\VFT\"中有数据库"CADB",其中有数据库表"ZXKC"和"ZX"。建立单价大于或等于 800,按规格升序排序的本地视图"CAMELIST",该视图按顺序包含字段:"产品编号"、"品名"、"规格"和"单价",然后使用新建立的视图,查询视图中的全部信息,并将结果存入表"C:\Ata\Answer\420202\1234567\VFT\V_camera"。

参 考 答 案

模拟试题一

一、单项选择题

1. D 2. B 3. A 4. D 5. D 6. B 7. C 8. A 9. C 10. B
11. B 12. D 13. C 14. B 15. D 16. C 17. D 18. B 19. A 20. B
21. D 22. B 23. A 24. A 25. C

二、多项选择题

26. ABC 27. BD 28. ABD 29. BD 30. AB

三、判断题

31. 对 32. 对 33. 错 34. 对 35. 错
36. 对 37. 错 38. 错 39. 错 40. 错

四、填空题

41. 关系模型 42. 自然 43. 字段变量 44. .T. 45. 123456 46. L
47. MODIFY 48. RS.FPT 49. LIST NEXT 1 或 LIST RECORD RECNO( )
50. SKIP −5

五、程序填空题

51. ①S＝0 ② WITH A,R ③PROCDURE SUB
52. ①X＞0 ②Y＝0 ③Y＝−1

六、程序分析题

53. P＝30 54. 37.90 高等教育出版社

七、程序设计题

55. 先打开编程窗口,用指定名称存于指定文件夹下,程序内容如下:

```
use order_detail
repl 单价 with 单价 * 0.9   for   "CPU" $ 器件名
repl 单价 with 单价 * 0.9   for   "声卡" $ 器件名
repl 单价 with 单价 * 0.85   for   "闪存" $ 器件名
repl 单价 with 单价 * 1.1   for   "显示卡" $ 器件名
repl 单价 with 单价 * 1.15   for   "内存" $ 器件名
```

八、操作题(略)

模拟试题二

一、单项选择题

1. C 2. A 3. B 4. C 5. C 6. A 7. B 8. D 9. B 10. A

11. C　12. A　13. C　14. B　15. B　16. D　17. B　18. B　19. C　20. D

21. D　22. C　23. C　24. A　25. B

二、多项选择题

26. ABC　27. AC　28. BCD　29. AD　30. ABC

三、判断题

31. 错　32. 对　33. 错　34. 错　35. 错

36. 对　37. 错　38. 对　39. 对　40. 错

四、填空题

41. 94.66　42. LIST RECORD 12 或 LIST FOR RECNO( )＝12

43. EDIT　44. 结构　45. 复合索引(CDX)文件　46. 实体

47. 永久关系　48. 索引　49. 20　50. 学院

五、程序填空题

51. ①p(n)　② para x　③return ss

52. ①k＜10　②m＝p1(k)　③public　m

六、程序分析题

53. 130　54. 1　20020303　王小平

七、程序设计题

55. 先打开编程窗口,用指定名称存于指定文件夹下,程序内容如下:

```
sele 1
use cj
do while not eof()
sele 2
use djks
loca for 考号＝a. 考号
if found()
repl 笔试成绩　with a.笔试成绩,上机成绩　with a.上机成绩
repl 平均成绩 with (笔试成绩＋上机成绩)/2
endif
sele 1
skip
enddo
sele 2
copy to bjg for 平均成绩＜60
```

八、操作题(略)

模拟试题三

一、单项选择题

1. C　2. C　3. B　4. D　5. D　6. A　7. D　8. A　9. C　10. D

11. D　12. B　13. B　14. B　15. A　16. D　17. C　18. D　19. D　20. A

21. C 22. A 23. D 24. C 25. C

二、多项选择题

26. BCD 27. BCD 28. BC 29. BCD 30. BC

三、判断题

31. 错 32. 错 33. 对 34. 错 35. 错

36. 错 37. 错 38. 错 39. 错 40. 错

四、填空题

41. 连接 42. 项目 43. 461245. 678 44. .F. 45. 5 46. 1

47. 别名 48. .F. 49. INSERT 50. EXIT

五、程序填空题

51. ①N<>0 ② SUBSTR(Y,A+1,1)+X ③ B

52. ①A1=A2 ②A2=A1+2*A2 ③N

六、程序分析题

53. 5 30 20   54. T= 12

七、程序设计题

55. 先打开编程窗口,用指定名称存于指定文件夹下,程序内容如下:

```
S=0
T=1
FOR I=1 TO 20
T=T*I
S=S+T
ENDFOR
S
```

八、操作题(略)

模拟试题四

一、单项选择题

1. C 2. B 3. C 4. D 5. B 6. C 7. B 8. B 9. B 10. B

11. B 12. D 13. D 14. A 15. A 16. C 17. D 18. D 19. A 20. D

21. B 22. D 23. D 24. A 25. D

二、多项选择题

26. BD 27. BCD 28. AD 29. CD 30. ABCD

三、判断题

31. 对 32. 对 33. 错 34. 对 35. 错

36. 错 37. 错 38. 对 39. 对 40. 对

四、填空题

41. .F. 42. WHERE 职工.职工号=工资.职工号 43. SET CHECK 44. 更新.

45. ACCEPT 46. 值 47. 条形菜单 48. .T. 49. DESC 50. 19

五、程序填空题

51. ①USE 图书　② EXIT　③ DTOC(出版日期)

52. ① GO BOTTOM　② STR　③SKIP －1

六、程序分析题

53. NN34　　　　　54. 2　5　3

七、程序设计题

55. 先打开编程窗口,用指定名称存于指定文件夹下,程序内容如下:

S＝0

FOR I＝3 TO 1000

FOR J＝2 TO I－1

IF MOD(I,J)＝0

EXIT

ENDIF

ENDFOR

IF J＞I－1

S＝S＋I

ENDIF

ENDFOR

? S

八、操作题(略)

模拟试题五

一、单项选择题

1. A　2. B　3. D　4. C　5. B　6. B　7. B　8. D　9. D　10. D

11. D　12. C　13. C　14. B　15. C　16. B　17. B　18. D　19. D　20. B

21. A　22. B　23. D　24. B　25. B

二、多项选择题

26. AC　27. BC　28. AD　29. ABD　30. ACD

三、判断题

31. 对　32. 错　33. 错　34. 错　35. 错

36. 对　37. 错　38. 错　39. 错　40. 对

四、填空题

41. 表单设计器　42. unload　43. 命令　44. modify form t1. scx　45. 不可用

46. buttoncount　47. Rowsource　48. 条形菜单　49. 弹出式菜单

50. 报表格式

五、程序填空题

51.① ＜＞0　② M＝M＋1　③ K＝1　52.① IF X＜MI　② MI＝X　③ ENDIF

六、程序分析题

53. S＝16　54. 张欣　女

七、程序设计题

55. 先打开编程窗口,用指定名称存于指定文件夹下,程序内容如下:

```
INPUT "N="  TO N
K=1
DO WHILE . T.
S=0
FOR I=K TO K+N
S=S+I
IF MOD(I,7)=0
EXIT
ENDIF
IF I>K+N
IF MOD(S,101)=0
EXIT
ENDIF
ENDIF
K=K+1
ENDDO
? I,S
```

八、操作题(略)

模拟试题六

一、单项选择题

1. B   2. B   3. C   4. C   5. D   6. C   7. B   8. C   9. D   10. C
11. C   12. A   13. D   14. C   15. D   16. D   17. C   18. D   19. C   20. B
21. A   22. B   23. D   24. B   25. C

二、多项选择题

26. ABC   27. ABC   28. ABD   29. ABC   30. AD

三、判断题

31. 对   32. 错   33. 对   34. 对   35. 错
36. 对   37. 对   38. 错   39. 错   40. 对

四、填空题

41. set order to 定单号   42. delete tag sph   43. skip   44. 6
45. 逻辑型   46. 参照   47. K=RECCOUNT( )
48. 排序   49. 32767   50. select

五、程序填空题

51. ① 性别="男"   ② 政治面目="群众"   ③delete
52. ① USE 供应商   ② "123" $ 电话   ③ ENDIF

六、程序分析题

　　53. 1 50　　　　　54. 39

七、程序设计题

　　55. 先打开编程窗口,用指定名称存于指定文件夹下,程序内容如下:

```
dime a(30)
a(1)=1
a(2)=1
for i=3 to 30
a(i)=a(i-1)+a(i-2)
endfor
a(30)
```

八、操作题(略)

参 考 文 献

［1］ 王洪海,王德正. Visual FoxPro 6.0 程序设计[M]. 合肥:中国科学技术大学出版社,2010.

［2］ 李英杰,刘立军. Visual FoxPro 数据库与程序设计[M]. 北京:北京工业大学出版社,2006.

［3］ 史济民,汤观全. Visual FoxPro 及其应用系统开发[M]. 北京:清华大学出版社,2007.

［4］ 王利. 全国计算机等级考试二级教程:Visual FoxPro 程序设计[M]. 北京:高等教育出版社,2001.

［5］ 周察金. 数据库应用基础:Visual FoxPro[M]. 北京:高等教育出版社,2006.

［6］ 郑尚志,李京文. 新编 Visual FoxPro 6.0 程序设计教程[M]. 北京:电子科技大学出版社,2005.

［7］ 高怡新,等. 新编 Visual FoxPro 6.0 程序设计教程[M]. 北京:机械工业出版社,2003.

［8］ 谢膺白,等. Visual FoxPro 6.0 程序设计教程[M]. 北京:人民邮电出版社,2005.

［9］ 蒋丽,等. Visual FoxPro 6.0 程序设计与实现[M]. 北京:中国水利水电出版社,2006.

［10］ 蒲永华,吴冬梅. 数据库应用基础:Visual FoxPro 6.0[M]. 2 版. 北京:人民邮电出版社,2007.

［11］ 高春玲,张文学. 数据库原理与应用:Visual FoxPro 6.0[M]. 2 版. 北京:电子工业出版社,2005.

［12］ 康贤. 数据库程序设计教程[M]. 西安:西安电子科技大学出版社,2007.

［13］ 王珊,李盛恩. 数据库基础与应用[M]. 2 版. 北京:人民邮电出版社,2009.

［14］ 张吉春,郭施祎. Visual FoxPro 程序设计教程[M]. 西安:西北工业大学出版社,2007.

［15］ 萨师煊,王珊. 数据库系统概论[M]. 3 版. 北京:高等教育出版社,2009.

［16］ 施伯乐,丁宝康,汪卫. 数据库系统教程[M]. 2 版. 北京:高等教育出版社,2005.

［17］ 梁成华,赵晓云. Visual FoxPro 6.0 程序设计[M]. 北京:电子工业出版社,2004.

［18］ 宋立智. 举一反三:Visual FoxPro 6.0 中文版数据库编程[M]. 北京:人民邮电出版社,2003.

［19］ 曾长军. SQL Server 数据库原理及应用教程[M]. 北京:人民邮电出版社,2009.

［20］ 何玉洁. 数据库原理与应用[M]. 北京:机械工业出版社,2003.

［21］ 毛一心,毛一之. 中文版 Visual FoxPro 6.0 应用及实例集锦[M]. 2 版. 北京:人民邮电出版社,2005.

［22］ 高英,张晓冬. Visual FoxPro 数据库开发基础与应用[M]. 北京:人民邮电出版社,2006.